"十四五"职业教育国家规划教材

精密零件的三坐标检测

◎主 编 陈冬梅 石 榴 温树彬
◎副主编 梁 亮 林楚雄 刘安毅

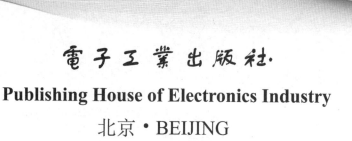
電子工業出版社

Publishing House of Electronics Industry

北京·BEIJING

内 容 简 介

本书是根据"校企双制，工学结合"的人才培养模式要求，以岗位技能要求为标准，选取典型工作任务为教学内容而编写的。主要内容有：三坐标测量机的基础知识、简单箱体类零件的手动测量、轴类零件的自动测量、箱体类零件的自动测量、机械检测的发展及新技术 5 个项目，每个项目设有多个子任务。5 个教学项目，由浅入深地围绕三坐标精密检测应用技能点进行讲解。

本书突出职业教育的特点，强调实用性和先进性，概念清晰，图文并茂，通俗易懂，既便于组织课堂教学和实践，也便于学生自学。全书以项目为导向，采用任务式驱动的教学模式，将理论知识很好地和实践结合起来。

本书可作为职业院校、技工院校机械类、质量检测技术等相关专业的教材使用。

图书在版编目（CIP）数据

精密零件的三坐标检测 / 陈冬梅，石榴，温树彬主编. —北京：电子工业出版社，2019.9

ISBN 978-7-121-34549-4

I. ① 精… II. ① 陈… ② 石… ③ 温… III. ① 机械元件－三坐标测量机－检测 IV. ①TH13 ②TH721

中国版本图书馆 CIP 数据核字（2018）第 133209 号

策划编辑：张　凌
责任编辑：裴　杰
印　　刷：三河市兴达印务有限公司
装　　订：三河市兴达印务有限公司
出版发行：电子工业出版社
　　　　　北京市海淀区万寿路 173 信箱　邮编　100036
开　　本：787×1 092　1/16　印张：12.25　字数：313.6 千字
版　　次：2019 年 9 月第 1 版
印　　次：2024 年 12 月第 13 次印刷
定　　价：33.00 元

凡所购买电子工业出版社图书有缺损问题，请向购买书店调换。若书店售缺，请与本社发行部联系，联系及邮购电话：(010) 88254888，88258888。

质量投诉请发邮件至 zlts@phei.com.cn，盗版侵权举报请发邮件至 dbqq@phei.com.cn。

本书咨询联系方式：(010) 88254583，zling@phei.com.cn。

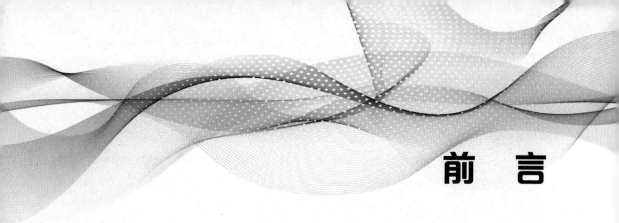

前　言

　　本书是广东省机械技师学院"创建全国一流技师学院项目"成果——"一体化"精品系列教材之一。本系列教材以"基于工作过程的一体化"为特色，通过典型的工作任务，创设实际工作场景，让学生扮演工作中的不同角色，在教师的引导下完成不同的工作任务，并进行适度的岗位训练，达到培养提高学生综合职业能力的目标，为学生的可持续发展奠定基础。

　　随着信息化技术在现代制造业的普及和发展，三坐标检测技术已经从一种稀缺的高级技术发展为制造业工程师的必备技能，并替代传统的检测技术成为工程师们日常保证产品质量的重要工具。职业教育肩负着服务社会，为企业培训高技能人才的重任，所以开设《精密零件的三坐标检测》这门课程是必须的。而目前市面上与三坐标检测技术相关的教材及配套资源还不完善，导致现有的教材还不能满足《精密零件的三坐标检测》这门课程的教学需求，故开发有特色、可行性强的教材及教学资源迫在眉睫。为了更加贴近教学实际，满足学生和企业的需求，我们召集了各方面的专家，组织了多次研讨和论证会议，并由一批具有精密检测实践经验和丰富的教学经验的一线教师共同编写了这本全新的教材。

　　本课程在机械类专业的课程体系中起到承上启下的作用。本课程的最大特点是以项目的具体实施过程为导向，以任务为驱动，将实践与理论一体化，构建以学生为中心、基于工作过程的新课程。本课程配套的选修课程为《机械制图》《公差配合与技术测量》《机械产品质量检测》《UG 软件应用》《金工实习》等，使学生具备一定的识图、绘制工程图、传统机械产品检测和普通机加工的能力。

　　与一般的精密检测技术类相关教材相比，本书摒弃了纯理论讲解，通过多年的教学经验，甄选出 5 个典型的教学项目，以任务驱动教学，由浅入深，循序渐进，达到知行合一，有效地做到了理论与实习相结合。每一个项目都有新的技能点，每个任务中涉及的知识点，教材都采用图文并茂的形式指引操作步骤，便于学生自学及理解，学生在学完 5 个项目后能够独立完成简单或复杂的箱体、轴类等机械零件的三坐标检测。

　　本书在项目及任务的选取上，有以下几点特色：

　　1. 从学生的实际社会需求出发。

　　以企业对工作岗位的任职要求为依据，构建了基于工作过程的课程体系。按质量管理员、质量检验员等岗位对产品检测和质量控制的实际要求对课程进行了重新定位，引入企业的产品、企业常见的特征元素、先进的检测技术为教学内容。

2．以任务为驱动，将实践与理论一体化。

内容编排上贯彻以项目为引领、以任务为驱动、以技能训练为中心，有机地整合相关的理论知识。教材内容的编排，既要突出实践动手能力的培养，又要让学生形成清晰的知识理论框架体系，促进知识的进一步深化。

3．任务明确，实施环节紧扣有效。

每一个项目学习目标明确。在每个项目中，我们根据学生的认知特点，设置了项目描述、项目分析、项目实施。在项目实施中，包含要完成该项目所要完成的若干小任务。在每个小任务中，设置了任务描述、任务要求、任务实施。先介绍要完成该任务的"相关知识"，接着是"操作实践"，然后配备相关的练习。先理论，后操作，再练习，环节步步紧扣，高效地实施工作任务。教材图文并茂，操作方法和步骤与图形一一对应，实用性强，便于学生的自学与操作练习。

4．教学内容注意加强新标准的应用。

随着标准化的深入，标准的产生和更新日益加快，本书采用最新国家标准和行业标准，表达力求通俗、易懂，利于讲授和自学。

希望本书的编写能够为《精密零件的三坐标检测》这门课程的教学带来一些有益的启示和帮助，提供一点新鲜的思路；更希望本书能够受到广大机械专业学生的喜爱。限于篇幅及时间等因素，我们虽竭尽全力，疏漏肯定犹存，诚恳地期望使用本书的广大师生提出真诚而宝贵的意见和建议，使之有机会修订时更趋完善。谢谢！

编　者

目　录

项目一　三坐标测量机的基础知识 ··· 1

   任务1　三坐标测量机的介绍 ··· 2

   任务2　坐标测量的准备工作 ··· 15

   任务3　PC-DMIS 软件介绍 ··· 18

项目二　简单箱体类零件的手动测量 ··· 34

   任务1　测头的选择及校验 ··· 36

   任务2　零件坐标系的建立 ··· 46

   任务3　程序编写（手动测量） ··· 51

   任务4　程序的运行 ··· 63

   任务5　公差评价及报告评价输出 ··· 67

项目三　轴类零件的自动测量 ··· 81

   任务1　CAD 模型的相关操作 ··· 83

   任务2　坐标系的建立 ··· 89

   任务3　程序的编写（自动测量） ··· 97

   任务4　程序的运行 ··· 105

   任务5　公差评价及报告评价输出 ·· 108

项目四　箱体类零件的自动测量 ··· 118

   任务1　工件坐标系的建立 ·· 121

   任务2　程序的自动编写 ·· 133

   任务3　公差评价及报告评价输出 ·· 156

项目五　机械检测的发展及新技术 ··· 171

   任务1　机械检测的发展方向 ·· 171

   任务2　数字化检测 ··· 184

项目一

三坐标测量机的基础知识

● 项目描述 ●

　　随着时代的不断发展，出现越来越多形状复杂、尺寸精度要求较高的零件，传统的检测工具及检测技术已不能满足产品生产的检测要求，在 20 世纪 60 年代发展起一种新型、高效、多功能的精密测量仪器——三坐标测量机（Coordinate Measuring Machine，简称 CMM），如图 1-1 所示。目前 CMM 已广泛用于机械制造业、汽车工业、电子工业、航空航天工业和国防工业等各行业，成为现代工业检测和质量控制不可缺少的精密测量设备。本项目主要是了解三坐标测量机的结构及组成部分。

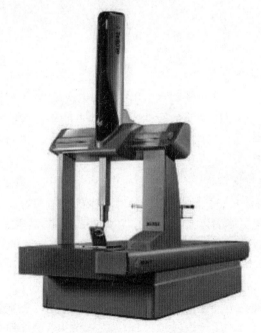

图 1-1　三坐标测量机

● 项目分析 ●

　　本项目主要介绍三坐标测量机的结构组成、三坐标测量机的日常维护与保养、测量前的准备工作、操纵盒的按键及 PC-DMIS 软件等。

● 项目实施 ●

任务 1　三坐标测量机的介绍

任务描述 ||||

接上级通知，有一所兄弟学校的老师及同学将到我校进行交流学习，主要是学习和了解有关三坐标测量机的硬件内容，现要对三坐标测量机的各部分硬件内容进行介绍。

任务要求 ||||

（1）能够说出三坐标测量机的测量原理。
（2）能够说出三坐标测量机的基本分类。
（3）能够说出三坐标测量机的基本组成。
（4）能够说出操纵盒上按键的功能并进行操作。
（5）能够说出测量机的工作环境要求。

任务实施 ||||

（一）相关知识

1．三坐标测量机的测量原理

三坐标测量机的基本原理是将被测物体置于三坐标测量机的测量空间，精确地测出被测零件表面的点在空间三个坐标位置的数值，将这些点的坐标数值经过计算机数据处理，拟合形成测量特征，如圆、球、圆柱、圆锥等，再经过数学计算的方法得出其形状、位置公差和其他几何尺寸数据。

如图 1-1-1 所示，要测量零件上一圆柱孔的直径，可以在垂直于孔轴线的截面 I 内，触测内孔壁上三个点（点 1、2、3），则根据这三点的坐标值就可计算出孔的直径及圆心坐标 O_1；如果在该截面内触测更多的点（点 1，2，…，n，n 为测点数），则可根据最小二乘法或最小条件法计算出该截面圆的圆度误差；如果对多个垂直于孔轴线的截面圆（I，II，…，m，m 为测量的截面圆数）进行测量，则根据测得点的坐标值可计算出孔的圆柱度误差及各截面圆的圆心坐标，再根据各圆心坐标值又可计算出孔轴线位置；如果再在孔端面 A 触测三点，则可计算出孔轴线对端面的位置度误差。由此可见，三坐标测量机的这一工作原理使得其具有很大的通用性与柔性。从原理上说，它可以测量任何零件的任何几何特征的任何参数。

2．三坐标测量机的分类

三坐标测量机的分类方法有很多，但基本归为以下几类，其中最常见的是按结构形式与运动关系分类。

（1）按结构形式与运动关系分类

按结构形式与运动关系可将三坐标测量机分为移动桥式、固定桥式、水平悬臂式、龙门式。不论其结构形式如何变化，三坐标测量机都是建立在具有三根相互垂直轴的正交坐标系基础上的。

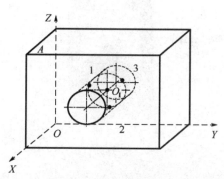

图 1-1-1　坐标测量原理

① 移动桥式结构。

移动桥式结构由四部分组成：工作台、桥架、滑架、Z 轴，如图 1-1-2 所示。桥架可以在工作台上沿着导轨前后平移，滑架可沿桥架上的导轨沿水平方向移动、Z 轴则可以在滑架上沿上下方向移动，测头则安装在 Z 轴下端，随着 X、Y、Z 三个方向平移接近安装在工作台上的零件表面，完成采点测量。

移动桥式结构是目前坐标测量机应用最为广泛的一类坐标测量结构，其结构简单、紧凑，开敞性好，零件装载在固定平台上不影响测量机的运行速度，零件质量对测量机动态性能没有影响，因此承载能力较大，本身具有台面，受地基影响相对较小，精度比固定格式稍低。缺点是桥架单边驱动，前后方向（Y 向）光栅尺布置在工作台一侧，Y 方向有较大的阿贝臂，会引起较大的阿贝误差。

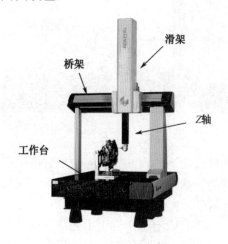

图 1-1-2　移动桥式结构

② 固定桥式结构。

固定桥式结构由四部分组成：基坐台（含桥架）、移动工作台、滑架、Z 轴，如图 1-1-3 所示。

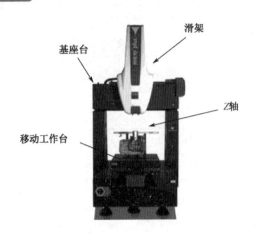

图 1-1-3　固定桥式结构

固定桥式与移动桥式结构类似，主要的不同点在于：移动桥式结构中，工作台固定不动，桥架在工作台上沿前后方向移动；而在固定式结构中，移动工作台承担了前后移动的功能，桥架固定在机身中央不做运动。

高精度测量机通常采用固定桥式结构。

固定桥式测量机的优点是：结构稳定，整机刚性强，中央驱动，偏摆小，光栅在工作台的中央，阿贝误差小，X、Y 方向运动相互独立，相互影响小。缺点是：被测量对象由于放置在移动工作台上，降低了机器运动的加速度，承载能力较小；操作空间不如移动桥式开阔。

③ 水平悬臂式结构。

水平悬臂式结构由三部分组成：工作台、立柱、水平悬臂，如图 1-1-4 所示。

图 1-1-4　水平悬臂式结构

立柱可以沿着工作台导轨前后平移，立柱上的水平悬臂则可以沿上下和左右两个方向平移，测头安装于水平悬臂的末端，零位水平平行于悬臂，测头随着悬臂在三个方向上的移动接近安装于工作台上的零件，完成采点测量。

与水平悬臂式结构类似，还有固定工作台水平悬臂、移动工作台水平悬臂两类结构，只不过这两类悬臂的测头安装方式与水平悬臂不同，测头零点方向与水平悬臂垂直。

水平悬臂测量机在前后方向可以做得很长，目前行程可达十米以上，竖直方向即 Z 向较高，整机开敞性比较好，适合汽车工业钣金件的测量。

优点：结构简单，开敞性好，测量范围大。

缺点：水平臂变形较大，悬臂的变形与臂长呈正比，作用在悬臂上的载荷主要是悬臂加测头的自重；悬臂的伸出量还会引起立柱的变形。

④ 龙门式结构。

龙门式结构由四部分组成：立柱、横梁、Z 轴、导轨，如图 1-1-5 所示，在前后方向有两个平行的被立柱支撑在一定高度上的导轨，导轨上架着左右方向的横梁，横梁可以沿着这两列导轨做前后方向的移动，而 Z 轴则垂直加载在横梁上，既可以沿着横梁做水平方向的平移，又可以沿竖直方向上下移动。测头装载于 Z 轴下端，随着三个方向的移动接近安装于基座或者地面上的零件，完成采点测量。

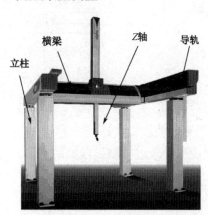

图 1-1-5　龙门式结构

龙门式结构一般被大中型测量机所采用。地基一般与立柱和工作台相连，要求有好的整体性和稳定性；立柱对操作的开阔性有一定的影响，但相对于桥式测量机的导轨在下、桥架在上的结构，移动部分的质量有所减轻，有利于测量机精度及动态性能的提高，正因为此，一些小型带工作台的龙门式测量机应运而生。

龙门式结构要比水平悬臂式结构的刚性好，对大尺寸测量而言具有更好的精度，龙门式测量机在前后方向上的量程可达数十米。缺点是：与移动桥式相比，其结构复杂，要求较好的地基；单边驱动时，前后方向（Y 向）光栅尺布置在主导轨一侧，在 Y 方向有较大的阿贝臂，会引起较大的阿贝误差。所以，大型龙门式测量机多采用双光栅/双驱动模式。

龙门式坐标测量机是大尺寸零件高精度测量的首选。适合于航空、航天、造船行业的大型零件或大型模具的测量。一般都采用双光栅、双驱动等技术，以提高精度。

（2）按测量机的测量范围分类

按三坐标测量机的测量范围分，可将其分为小型、中型与大型三类。

（3）按测量精度分类

按测量机的测量精度分，可将其分为低精度、中等精度和高精度三类。

3．三坐标测量机的结构和组成

三坐标测量机主要包括以下结构：坐标测量机主机、探测系统、控制系统和软件系统，如图 1-1-6 所示。

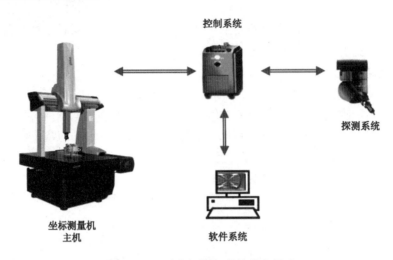

图 1-1-6　三坐标测量机的结构和组成

（1）三坐标测量机的主机

三坐标测量机主机即测量系统的机械主体，为被测零件提供相应的测量空间，并装载探测系统（测头组件），按照程序要求进行测量点的采集。

主机结构主要包括笛卡儿坐标系的三个轴及其相应的位移传感器和驱动装置，含工作台、桥架、滑架、Z轴在内的机体框架，如图 1-1-7 所示。

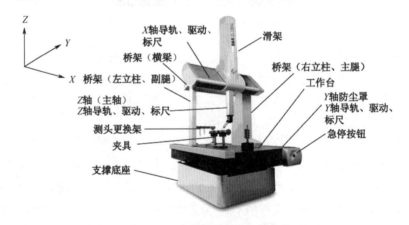

图 1-1-7　三坐标测量机主机机构

① 机体框架。

机体框架主要包括工作台、桥架（包括立柱和横梁）、滑架、Z轴及保护罩。工作台一般选择花岗岩材质，桥架和滑架一般选择花岗岩、铝合金或陶瓷材质。

② 标尺系统。

标尺系统是测量机的重要组成部分，是决定仪器精度的一个重要环节。所用的标尺有线纹尺、光栅尺、磁尺、精密丝杠、同步器、感应同步器及光波波长等。三坐标测量机一般采用测量几何量用的计量光栅中的长光栅，该类光栅一般用于线位移测量，是坐标测量机的长度基准，刻线间距范围为 2~200μm。

③ 导轨。

导轨是测量机实现三维运动的重要部件。常采用滑动导轨、滚动轴承导轨和气浮导轨，而以气浮静压导轨的应用较广泛。气浮导轨由导轨体和气垫组成，有的导轨体和工作台合二为一。气浮导轨还包括气源、稳定器、过滤器、气管、分流器等一套气动装置。

④ 驱动装置。

驱动装置是测量机的重要运动机构，可实现机动和程序控制伺服运动的功能。在测量机上一般采用的驱动装置有丝杠螺母、滚动轮、光轴滚动轮、钢丝、齿形带、齿轮齿条等传动，并配以伺服马达驱动，同时直线马达也正在增多。

⑤ 平衡部件。

平衡部件主要用于 Z 轴框架结构中，其功能是平衡 Z 轴的重量，以使 Z 轴上下运动时无偏重干扰，使检测时 Z 向测力稳定。Z 轴平衡装置有重锤、发条或弹簧、汽缸活塞杆等类型。

⑥ 转台和附件。

转台是测量机的重要元件，它使测量机增加一个转动的自由度，便于某些种类零件的测量。转台包括数控转台、万能转台、分度台和单轴回转台等。

坐标测量机的附件很多，视测量需要而定。一般指基准平尺、角尺、步距规、标准球体、测微仪，以及用于自检的精度检测样板等。

（2）三坐标测量机的控制系统

控制系统在三坐标测量过程中的主要功能体现在：读取空间坐标值，对测头信号进行实时响应与处理，控制机械系统实现测量所必须的运动，实时监测坐标测量机的状态以保证整个系统的安全性与可靠性，有的还对坐标测量机进行几何误差与温度误差补偿以提高测量机的测量精度。

控制系统按照自动化程度可以分为手动型、机动型和自动型三种类型。

① 手动型测量机。

手动型控制系统主要包括坐标测量系统、测头系统、状态监测系统等。

坐标测量系统是将 X、Y、Z 三个方向的光栅信号经过处理后，送入计数器，CPU 读取计数器中的脉冲数，计算出相应的空间位移量。

手动型测量机的操作方式体现在：手动移动测头去接触零件，测头发出的信号用作计数器的锁存信号和 CPU 的中断信号；锁存信号将 X、Y、Z 三轴的当前光栅数值记录下来，计算机通过这些坐标点数据分析计算出零件的形状误差和位置误差。

手动型三坐标测量机结构简单、成本低，适合于对精度和效率要求不是太高、而要求低价格的用户。

② 机动型测量机。

机动型控制系统与手动型控制系统比较，机动型控制系统增加了电机、驱动器和操纵盒。测头的移动不再需要手动，而是用操纵盒通过电机来驱动。电机运转的速度和方向都是通过操纵盒上的手操杆偏摆的角度和方向来控制的。

机动型控制系统主要是减轻了操作人员的体力劳动强度，是一种过渡机型，随着 CNC 系统成本的降低，机动型测量机目前很少被采用。

③ 自动型测量机。

自动型测量机的测量过程是由计算机通过测量软件进行控制的，它不仅可以实现利用测量软件进行自动测量、自学习测量、扫描测量，也可通过操纵杆进行机动测量。

CNC 型测量机的工作原理如图 1-1-8 所示，其测量系统通过接收来自软件系统所发出的指令，控制测量机主机的运动和数据采集。

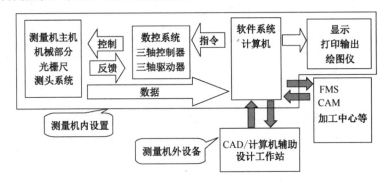

图 1-1-8　CNC 型测量机的工作原理图

数控型三坐标测量机除了在 X、Y、Z 三个方向装有三根光栅尺及电机、传动等装置外，具有以控制器和光栅组成的位置环；控制器不断地将计算机给出的理论位置与光栅反馈回来的实测位置进行比较，通过 PID 参数的控制，随时调整输出的驱动信号，努力使测量机的实际位置与计算机要求的理论位置保持一致。

由于实现了自动测量，大大提高了工作效率，特别适合于生产线和批量零件的检测。由于排除了人为因素，可以保证每次都以同样的速度和法矢方向进行触测，从而使测量精度得到很大提高。

（3）三坐标测量机的探测系统

探测系统是由测头及其附件组成的系统，测头是测量机探测时发送信号的装置，它可以输出开关信号，亦可以输出与测针偏转角度呈正比的比例信号，它是坐标测量机的关键部件，测头精度的高低很大程度上决定了测量机的测量重复性及精度；不同零件需要选择不同功能的测头进行测量。

坐标测量机是靠测头来拾取信号的，因而测头的性能直接影响测量的精度和效率，没有先进的测头就无法充分发挥测量机的功能。

测头可以分为触发式测头、扫描式测头、非接触式（激光、影像）测头等。

① 触发式测头。

触发式测头如图 1-1-9 所示，触发式测头又称开关测头，是使用最多的一种测头，其工作原理是：当测针与零件产生接触而产生角度变化时，发出一个开关信号，这个信号传送到控制系统后，控制系统对此刻的光栅计数器中的数据锁存，经处理后传送给测量软件，表示测量了一个点。

② 扫描式测头。

扫描式测头如图 1-1-10 所示，扫描式测头又称比例测头或模拟测头，有两种工作模式：一种是触发式模式，一种是扫描式模式。扫描式测头本身具有三个相互垂直的距离传感器，可以感觉到与零件接触的程度和矢量方向，这些数据作为测量机的控制分量，控制测量机的运动轨迹。扫描式测头在与零件表面接触、运动过程中定时发出信号，采集光栅数据，并可以根据设置的原则过滤粗大误差，称为"扫描"。扫描式测头也可以触发式工作，这种方式是高精度的方式，与触发式测头的工作原理不同的是它采用回退触发方式。

图 1-1-9　触发式测头

图 1-1-10　扫描式测头

③ 非接触式（激光、光学）测头。

非接触式（激光、光学）测头如图 1-1-11 所示，非接触式测头无须与待测表面发生实体接触，例如，激光测头和影像测头等。

在三维测量中，非接触式测量方法由于其测量的高效性和广泛的适应性而得到了研究，尤其是以激光、白光为代表的光学测量方法更是备受关注。根据工作原理的不同，光学三维测量方法可被分成多个不同的种类。采用不同的技术可以实现不同的测量精度，这些技术的深度分辨率范围为 $10^3 \sim 10^6$mm，覆盖了从大尺度三维形貌测量到微观结构研究的广泛应用和研究领域。

（a）光学测头　　　　　　　　　　　　（b）激光扫描测头

图 1-1-11　非接触式测头

④ 旋转测座。

旋转测座如图 1-1-12 所示，测座控制器可以用命令或程序控制并驱动自动测座旋转到指定位置。手动的测座只能由人工手动方式旋转测座。

⑤ 测针。

如图 1-1-13 所示为常见的测针，包括适用于大多数检测需要的附件。可确保测头不受限制地对零件所有的特征进行测量。

图 1-1-12　旋转测座

图 1-1-13　测针

⑥ 测头更换架。

测头更换架如图 1-1-14 所示，可对测量机测座上的测头、加长杆、测针组合进行快速、可重复的更换。

图 1-1-14　测头更换架

（4）三坐标测量机的软件系统

三坐标测量机的软件系统包括安装有测量软件的计算机系统及辅助完成测量任务所需的打印机、绘图仪等外接电子设备。测量软件的作用在于指挥测量机完成测量动作，并对测量数据进行计算和分析，最终给出测量报告。

测量软件的具体功能包括：从测针校正、坐标系建立与转换、几何特征测量、形位公差评价一直到输出检测报告等全测量过程，以及重复性测量中的自动化程序编制和执行。此外，测量软件还提供统计分析功能，结合定量与定性方法对海量测量数据进行统计研究，用以监控生产线加工能力或产品质量水平。

本书介绍的 PC-DMIS 软件（海克斯康）坐标测量系统是由德国 PTB 认证通过的测量软件，具备强大 CAD 功能的通用测量软件的计量与检测，为几何量测量的需要提供了完美的解决方案。

该软件包括三种配置：PC-DMIS 软件 PRO，PC-DMIS 软件 CAD 和 PC-DMIS 软件 CAD++，并提供了多种专业测量软件包选项。

PC-DMIS 软件的主要技术特征包括：

● 模块化配置，满足客户的特定需要；

● 可定制的、直观的图形用户界面（GUI）；

● 全中文界面、在线帮助和用户手册，多达 8 种语言支持；

● 完善的测头管理、零件坐标系管理和零件找正功能；

● 符合国际和国家标准规定的形位公差评定功能；

● PTB 认证的软件计算方法；

● 具有强大 CAD 功能的通用测量软件；

● 预留基于用户需要的二次开发接口；

● 具有各种智能化扫描模式，完成复杂型面的扫描；

● 强大的薄壁特征测量程序库；

● 便捷的逆向设计测量功能；

● 互动式超级图形报告功能，增加了报告格式和数据处理的灵活性；

● 各种统计分析功能，满足生产控制的需要。

如图 1-1-15 所示为 PC-DMIS 软件界面。

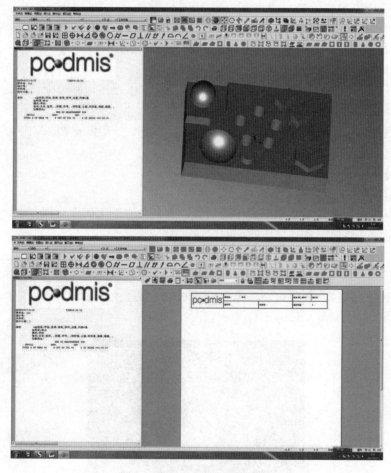

图 1-1-15　PC-DMIS 软件界面

4．三坐标测量机的工作环境

由于三坐标测量机是一种高精度的检测设备，其机房环境条件对测量机的影响至关重要。这其中包括温度、湿度、振动、电源、气源、零件清洁和恒温等因素。

（1）温度

测量机的室内空调应全年 24 小时开放，不应受到太阳照射，不应靠近暖气，不应靠近进出通道，推荐根据房间大小使用相应功率的变频空调。

温度范围：20±2 ℃；

温度时间梯度：≤1℃/小时及≤2℃/24 小时。

温度空间梯度：≤1℃/米。

（2）湿度

湿度对坐标测量机的影响主要集中在机械部分的运动和导向装置方面，以及非接触式测头方面。湿度过高会导致机器表面、光栅和电机凝结水分，增加测量设置故障率，降低设备的使用寿命。要求保持环境湿度如下。

空气相对湿度：25%～75%（推荐 40%～60%）。

（3）振动

① 厂房周围不应有干线公路。

② 不应有与测量机同时工作的吊车。

③ 周围不应有冲床或大型压力机等振动比较大的设备。

④ 测量机不应安装在楼上。

如果测量机周围有大的震源，需要根据减震地基图纸准备地基或配置主动关震设备。

（4）电源

电源对测量机的影响主要体现在测量机的控制部分。一般配电要求如下。

电压：交流 220V ± 10%；

电流：15A；

独立专用接地线：接地电阻≤4Ω。

独立专用接地线是指非供电网线中的地线，而是独立专用的安全地，以避免供电网线中的干扰与影响，建议配置稳压电源或 UPS。

（5）气源

测量机运动导轨为空气轴承，气源决定测量机的使用状况和气动部件的寿命，空气轴承对气源的要求非常高，要求气源需经三级过滤。气源要求如下。

供气压力：＞ 0.5MPa，如图 1-1-16 所示。

图 1-1-16　气压力表

耗气量：>150NL/分钟＝2.5dm³/s（NL：标准升，代表在 20℃、1 个大气压下的 1 升）；

含水：＜6克/立方米；

含油：＜5毫克/立方米；

微粒大小：＜40微米；

微粒浓度：＜10毫克/立方米；

气源的出口温度：20±4℃。

（6）零件的清洁和恒温

检测零件的物理形态对测量结果有一定的影响。最普通的是零件表面粗糙度和加工留下的切屑。冷却液和机油对测量误差也有影响。如果这些切屑和油污黏附在测针的红宝石球上，就会影响测量机的性能和精度。类似影响测量精度的情况还有很多，但大多数可以避免。建议在测量机开始工作之前和完成工作之后分别对零件进行必要的清洁和保养工作，还要确保在检测前对零件有足够的恒温时间。

5．操纵盒的使用

测量机的操纵盒有多种，我们以常见的一种来描述操纵面板上各个按键的功能。如图 1-1-17 所示，在操纵面板中具有各轴移动、测量采点、测量速度等方面的控制功能。

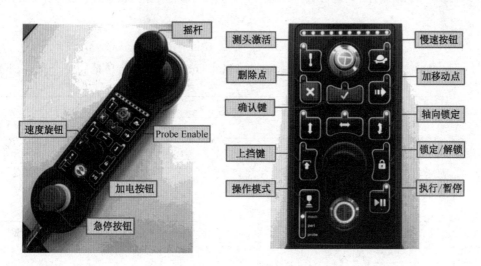

图 1-1-17　操纵盒

6．三坐标测量机的维护与保养

（1）开机操作前

① 严格控制温度及湿度。

② 每天要检查机床气源，放水放油，定期清洗过滤器及油水分离器。

③ 每次开机前应清洁测量机的导轨，金属导轨用航空汽油擦拭（120 号或 180 号汽油），花岗岩导轨用无水乙醇擦拭。在保养过程中不能给任何导轨上任何性质的油脂。

（2）操作过程中

① 大型及重型零件在放置到工作台上的过程中应轻放，以避免造成剧烈碰撞，致使工作台或零件损伤。

② 小型及轻型零件放到工作台后，应紧固后再进行测量，否则会影响测量精度。

③ 在工作过程中，测座在转动时（特别是带有加长杆的情况下）一定要远离零件，以

避免碰撞。

④ 在工作过程中如果发生异常响声或突然应急，切勿自行拆卸及维修，应及时与维修人员联系。

（3）操作结束后

① 请将 Z 轴移动到下方，但应避免测尖撞到工作台。

② 工作完成后要清洁工作台面。

③ 检查导轨，如有水印及时检查过滤器。如有划伤或碰伤也及时与维修人员联系，避免造成更大损失。

④ 工作结束后将机器总气源关闭。

（二）操作实践

实训任务

（1）对三坐标测量机的工作环境进行检查。

（2）对三坐标测量机进行保养。

（3）操作操纵盒对测头进行 X、Y、Z 三个方向的单向移动及联合移动的练习。

想一想

1. 三坐标测量机（Coordinate Measuring Machine）的英文缩写是_____。它的工作原理是_____。

2. 三坐标测量机按机械结构与运动关系分为_____，按测量范围分为_____，按测量精度分为_____。

3. 简述移动桥式、固定桥式、水平悬臂式及龙门式三坐标测量机各自的优点及缺点。

4. 三坐标测量机主要包括哪几部分？

_____、_____、_____、_____。

5. 测头可以分为_____测头、_____测头、_____测头等。

6. 简述操纵盒上各按键的功能。

_____

_____

7. 通过查阅资料，谈谈三坐标测量机的工作环境除了温度、湿度、振动、电源和气源这些条件外，还包括其他哪方面的内容？

_____

_____

8. 简述三坐标测量机对温度和湿度的具体要求。

_____

_____

9. 简述三坐标测量机对电源和气源的具体要求。

_____

_____

10. 分别简述三坐标测量机开机操作前、操作过程中、结束操作后的维护与保养。
开机操作前：_____

_____

操作过程中：_____

_____

结束操作后：_____

_____

11. 为什么花岗岩导轨要用无水乙醇擦拭？在保养过程中不能给任何导轨上任何性质的油脂？

_____

_____

三坐标测量机的基础知识

任务 2 三坐标测量的准备工作

 任务描述 ||||

要真正运用三坐标设备检测一件零件，是不是把零件放到零件台上就可以进行检测了呢？如果不是，那在进行检测之前我们需要做哪些准备工作呢？

 任务要求 ||||

（1）能够说出三坐标测量的流程。
（2）能够说出测量机启动前需要做哪些准备工作。
（3）能够按正确操作步骤启动和关闭测量机。

 任务实施 ||||

（一）相关知识

1. 三坐标测量检测流程

三坐标测量检测流程如图 1-2-1 所示，三坐标测量技术应用涉及一个庞大的技术体系，特别是在实际应用中，还有许多具体的工作和问题需要处理。对于一个零件进行检测，首先应该根据零件和图纸制定一个详细的检测规划，根据检测规划选择合适的夹具，测针配置，测头配置，根据图纸要求建立准确的坐标系以及编写准确的检测程序，最终得到真实可靠的报告。

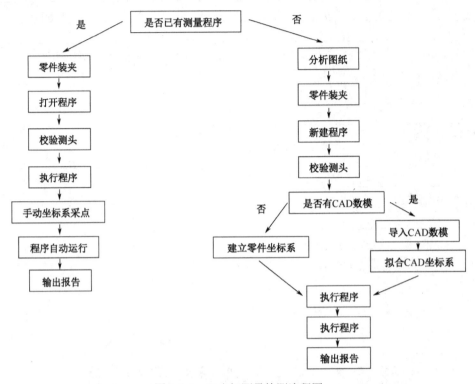

图 1-2-1　三坐标测量检测流程图

2．测量机启动前的准备

测量规划工作需要根据对图纸的分析，确定零件评价参数、评价基准、测量对象、尺寸评价内容等。

（1）分析图纸的具体要求

（2）明确具体的测量要求

（3）分析实现测量要求的测杆配备

① 测杆组合要少。

② 测量孔的测杆直径在不影响其他尺寸测量的前提下要尽可能稍大些。

③ 传感器加长杆和测杆加长杆要合理组合。

（4）分析怎样建立坐标系

测量的坐标系分为粗建坐标系（是实现测量机自动化测量的基础）及精建坐标系（是图纸尺寸基准的唯一依据，用于尺寸评价）。检测工作要根据需求分析零件测量所需的坐标系。

（5）明确零件的装夹方案设计

设计零件的装夹方案需要考虑以下因素。

① 装夹的稳定性。

② 零件测量的可重复性。

③ 数据测量的方便性，需要考虑测针因素、测量特征的分布等。

④ 考虑零件的变形影响（主要针对于薄壁件）。

（6）分析零件装夹设计中，夹具有应满足的要求

① 夹具应具有足够的精度和刚度。

② 夹具应有可靠的定位基准。

③ 夹具应有夹紧装置。

3．测量机系统启动和关闭的正确步骤

（1）开机顺序（先开硬件，再开软件）

① 打开空气压缩机。

② 打开测量机上的压缩空气开关，气压≥0.45MPa。

③ 打开控制柜电源。

④ 打开测座控制器电源。

⑤ 打开计算机。

⑥ 操纵盒加电（Machine Start）。

⑦ 打开 PC-DMIS 软件，机器回零，进入正常操作。

（2）关机顺序（先关软件，再关硬件）

① 将 Z 轴运动到安全的位置和高度，测头移动到机器的左、前、上位置，测头旋转到 A90B180。

② 退出 PC-DMIS 软件程序。

③ 关闭计算机。

④ 关闭测座控制器电源。

⑤ 关闭控制柜电源。

⑥ 关闭测量机压缩空气开关。

⑦ 关闭空气压缩机。

（二）操作实践

实训任务

现场对测量机系统进行启动和关闭。

 想一想

1．简述三坐标测量机检测产品的工作流程。

_____

_____

_____

2．想一想，在测量机启动前需要做哪些准备工作？

_____

_____

_____

_____

3. 简述三坐标测量机正确的开机步骤。

_____

_____

4. 简述三坐标测量机正确的关机步骤。

_____

_____

_____

任务 3　PC-DMIS 软件的介绍

 任务描述 ||||

接到一项检测任务，需要对 500 件同一款零件中的部分重要尺寸进行检测，并要求必须在一天内完成。此时运用软件系统帮助编辑程序，实现高效率的检测工作显得尤其重要。

 任务要求 ||||

（1）能够说出软件操作界面各区域的名称。
（2）能够说出关于测量软件的一些基础知识，如坐标系、工作平面、矢量等的概念。
（3）能够正确启动和退出软件，对零件程序进行新建与保存操作。

 任务实施 ||||

（一）相关知识

1. 软件操作界面介绍

软件操作界面分为标题栏、菜单栏、工具栏、编辑窗口、报告窗口和状态栏，其中编辑窗口和报告窗口共用一个窗口，如图 1-3-1 和图 1-3-2 所示。

2. 常用的快捷工具栏

常用的快捷工具栏包括：文件操作、图形模式、图形视图、图形项目、编辑窗口、窗口布局、自动特征、测量特征、构造特征、尺寸、坐标系、设置、测头模式等，如图 1-3-3 所示。

文件操作工具栏如图 1-3-4 所示，可对文件进行新建、打开、保存等操作。

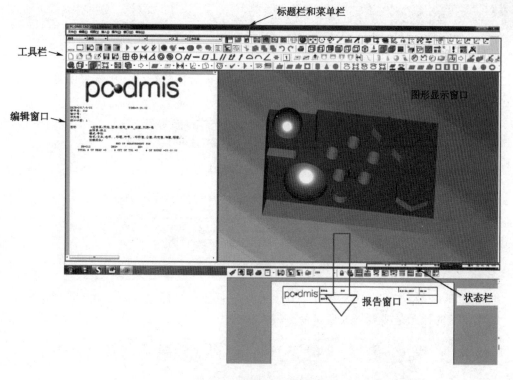

图 1-3-1 软件操作界面

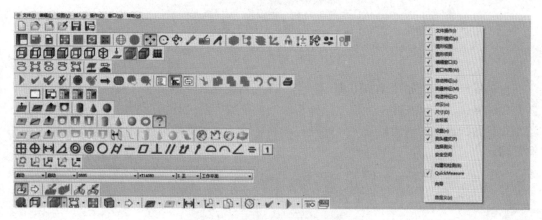

图 1-3-2 标题栏和菜单栏

图 1-3-3 常用的快捷工具栏

图 1-3-4 文件操作工具栏

图形模式工具栏如图 1-3-5 所示，可进行视图设置、将图形的显示缩放到合适比例、移动模型、旋转模型、切换到程序模式等操作。

图 1-3-5　图形模式工具栏

图形视图工具栏如图 1-3-6 所示，可对图形的看图方向进行切换，选择图形的显示模式是实体显示还是线型显示等操作。

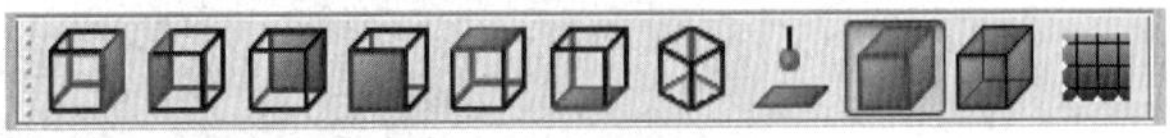

图 1-3-6　图形视图工具栏

图形项目工具栏如图 1-3-7 所示，可对图形上已有特征的标示进行设置。

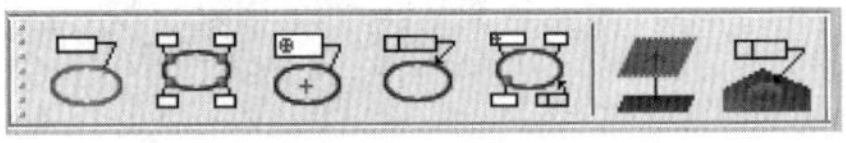

图 1-3-7　图形项目工具栏

编辑窗口工具栏如图 1-3-8 所示，可对程序进行执行、标记、撤回上一步或下一步，以及编辑窗口的显示是概要模式还是命令模式等操作。

图 1-3-8　编辑窗口工具栏

窗口布局工具栏如图 1-3-9 所示，确定各条工具栏的放置位置后，可以对此窗口进行命名保存，下次进入程序时可直接调用自己的工具栏窗口。当按下【Shift】键后，再按下鼠标左键拖动图标 到其他地方，可删除之前保存的窗口。

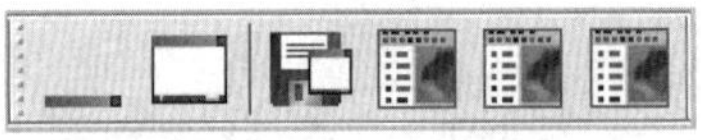

图 1-3-9　窗口布局工具栏

自动特征工具栏如图 1-3-10 所示，当程序为自动模式下测量点、线、面、圆、圆柱、圆锥、球特征时，可在此工具栏上选择相应的特征图标，进行特征的自动测量，但需要注意相关参数的设置。一般较常用到的是自动测量圆、自动测量圆柱、自动测量圆锥、自动测量球。

图 1-3-10　自动特征工具栏

测量特征工具栏如图 1-3-11 所示，当程序在自动模式下测量特征，需要测量的特征空间又很狭小，很难测量出想要的特征时，按下相应特征的图标，则能帮助我们测量出相应特征。

图 1-3-11　测量特征工具栏

构造特征工具栏如图 1-3-12 所示，可以对特征进行构造操作。

图 1-3-12　构造特征工具栏

尺寸工具栏如图 1-3-13 所示，可以对需要的尺寸及形位公差进行评价操作。

图 1-3-13　尺寸工具栏

坐标系工具栏如图 1-3-14 所示，可对坐标系进行新建、保存、回调等操作。

图 1-3-14　坐标系工具栏

设置工具栏如图 1-3-15 所示，第一个"启动"表示当前图形视图选择显示区；第二个"启动"表示当前坐标系显示区；其后面的图标依次表示当前测头文件选择显示区；当前测头角度或测针选择显示区；当前工作平面选择显示区；当前投影平面选择显示区，默认使用工作平面作为投影平面。

| 启动 ▼ | 启动 ▼ | 0885 ▼ | *T1A0B0 ▼ | Z 正 ▼ | 工作平面 ▼ |

图 1-3-15　设置工具栏

测头模式工具栏如图 1-3-16 所示，可对测头模式进行自动模式或手动模式的切换。

图 1-3-16　测头模式工具栏

3. 软件脱机编程及相关操作

熟悉软件的启动、新建、保存与退出。

（1）启动

在桌面上找到 PC-DMIS 软件图标，双击鼠标左键，或者单击鼠标右键→在弹出的快捷菜单中选择"打开"，打开 PC-DMIS 软件。

若之前已保存有文件，则在弹出的窗口中找到文件并选中，单击"打开"按钮，如图 1-3-17 所示。

若之前并无文件，需要新建文件，则单击弹出窗口右上角的，关闭窗口。

（2）新建

单击菜单栏中的"文件"→"新建"菜单命令，如图 1-3-18 所示。弹出"新建测量程序"对话框，如图 1-3-19 所示，输入零件名，单位选"毫米"，接口在没有连接三坐标测量机的情况下为"脱机"，与三坐标测量机连接的情况下为"联机"，单击"确定"按钮。

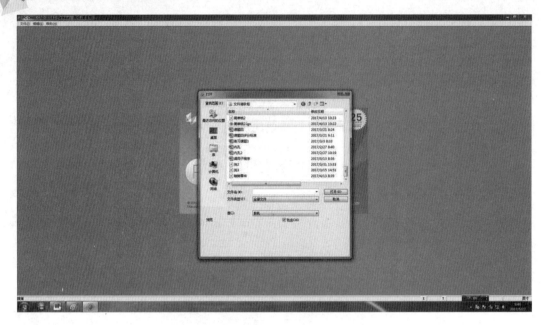

图 1-3-17 启动 PC-DMIS 软件

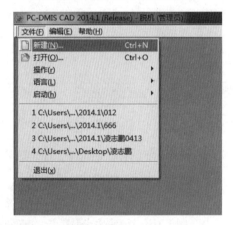

图 1-3-18 "新建"菜单命令

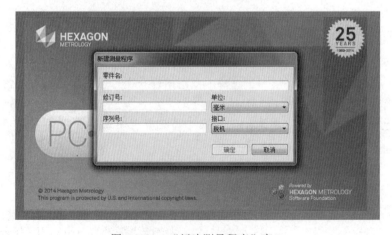

图 1-3-19 "新建测量程序"窗口

在有数模的情况下，单击菜单栏中的"文件"→"导入"菜单命令，如图 1-3-20 所示，选择导入数模的文件格式，图标状态呈亮的表示可用，图标状态呈暗灰色的表示不可用。一般情况下选用 IGES 或 STEP 两种格式。

图 1-3-20　"导入"子菜单

在弹出的"打开"对话框中，选择要打开的数模文件，单击"导入"按钮，如图 1-3-21 所示。

图 1-3-21　导入数模的文件

在弹出的对话框中，单击"处理"按钮，如图 1-3-22 所示，等处理完毕后，单击"确定"按钮，完成数模的导入，如图 1-3-23 所示。

图 1-3-22 数模文件的处理

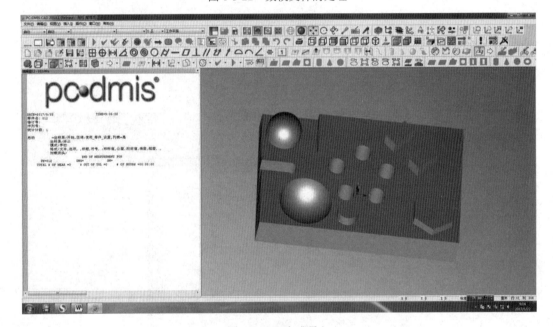

图 1-3-23 完成导入

（3）保存

待编辑完程序后，可单击文件操作工具栏上的"保存文件"图标，对文件行进保存；或者单击菜单栏中的"文件"→"保存"菜单命令，这两种保存的操作都是直接保存原文件，如图 1-3-24 所示。当要对文件进行另存时，则单击菜单栏中的"文件"→"另存为"菜单命令，如图 1-3-25 所示，在弹出的对话框中选择文件要保存的位置，单击"保存"按钮，完成对文件的另存操作。

图 1-3-24　保存文件

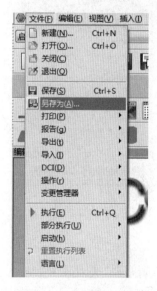

图 1-3-25　另存文件

（4）退出

保存好文件后，单击"文件"→"退出"菜单命令，只退出当前编辑的文档，但不退出 PC-DMIS 软件，如图 1-3-26 所示。

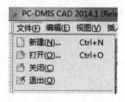

图 1-3-26　退出当前编辑的文档

单击窗口右上角的■按钮，或单击"文件"→"退出"菜单命令，如图 1-3-27 所示，退出 PC-DMIS 软件。

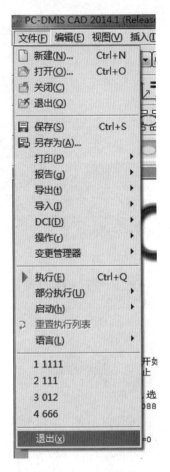

图 1-3-27　退出软件

4．坐标系

当你使用卷尺测量一面墙的高度时，你会沿着与地面垂直的方向进行测量，而不会沿着与地面倾斜一定角度的方向进行测量。此时你已经利用地面建立了一个坐标轴，该坐标轴的方向垂直于地面。而你测量墙体的高度是沿着这个方向得到的，墙体的高度是由地面开始计算的。同样的道理，我们在测量一个零件时也必须要建立一个参考方向。

符合右手定则（图 1-3-28）的三条互相垂直的坐标轴和三轴相交的原点，构成了三维空间坐标系，即笛卡尔直角坐标系。空间任意一点投影到三轴就会有三个相应的数值，即三轴的坐标。有了三轴的坐标，就能对应空间的点的位置，从而把空间点的位置进行数字化的描述。

（1）机器坐标系

测量机开机时必须执行"回零"过程，回零后测量机三轴光栅都从零开始计数，补偿程序被激活，测量机处于正常工作状态，这时测量的点坐标都是相对于机器零点的。由机器的三个轴向和零点构成的坐标系称为"机器坐标系"。如图 1-3-29 所示，一般测量机的坐标系方向为：左右方向为 X 轴，向右为正方向；前后方向为 Y 轴，向后为正方向；上下方向为 Z 轴，向上为正方向。当机器回零后，显示零点的坐标是机器 Z 轴底端中心的坐标，当加载测头以后，坐标显示测针红宝石球心的坐标，比如测针总长度为 200mm（含测座、测头等整个测头系统），则红宝石球心的坐标为 $X=0$，$Y=0$，$Z=-200$。

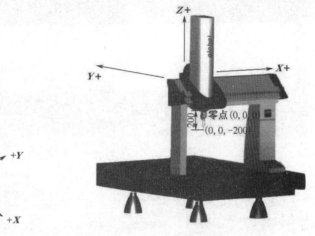

图 1-3-28　右手定则　　　　　　　图 1-3-29　机器坐标系

（2）零件坐标系

测量一个零件之前，必须先分析图纸，使用零件的基准特征来建立零件坐标系。如图 1-3-30 所示，建立零件坐标系有三个作用：一是准确测量二维和一维特征，二是方便进行尺寸评价，三是实现批量自动测量。

在测量过程中，往往需要利用零件的基准建立坐标系来评价公差、进行辅助测量、指定零件位置等，这个坐标系称为"零件坐标系"。建立零件坐标系要根据零件图纸指定的 A、B、C 基准的顺序指定第一轴、第二轴和坐标零点，顺序不能颠倒。

在实际应用中，根据零件在设计、加工时的基准特征情况，有以下三种方法建立零件坐标系：3-2-1 法；迭代法；最佳拟合法。

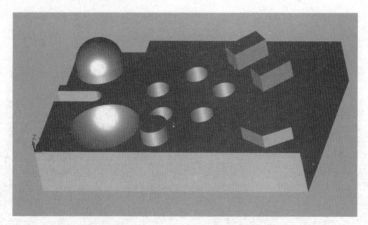

图 1-3-30　零件坐标系

（3）CAD 模型坐标系

CAD 模型坐标系是模型画图者在画图时定的坐标系，当导入的模型坐标系与测量的零件坐标系不一致时，需要先对坐标系进行移动或翻转，再建立零件坐标系，如图 1-3-31、图 1-3-32 所示。

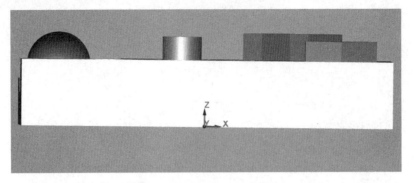

图 1-3-31　CAD 模型坐标系 1

（a）把 CAD 坐标系移动到零件坐标系

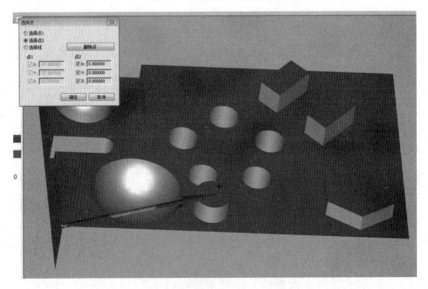

（b）把 CAD 坐标系移动到零件坐标系

图 1-3-32　CAD 模型坐标系 2

5. 工作平面

三坐标测量机工作时，定核平面的零度是很重要的一项工作。投影的工作平面不正确，评价的结果将是错误的。尤其是直线特征和圆特征是二维特征，测量机先把特征的点投影到工作平面上，再拟合出特征，若工作平面选择错误，则测量得到的特征也会是错误的。

工作平面是一个视图平面，类似图纸上的三视图，工作时从这个视图平面往外看。若测量特征在上平面，那么就是在 $Z+$ 平面上工作，若测量特征在右侧面，那么就是在 $X+$ 工作平面上工作，如图 1-3-33 所示。测量时通常在一个工作平面上测量完所有的几何特征以后，再切换到另一个工作平面，接着测量这个工作平面的几何特征。

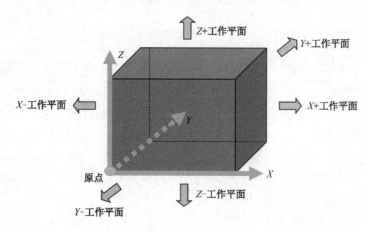

图 1-3-33　工作平面

6. 矢量

矢量是一种既有大小又有方向的量。在坐标机测量时，为了表示被测特征在空间坐标系中的方向，故引入矢量这一概念。当长度为"1"的空间矢量投影到空间坐标系的 X、Y、Z 三个坐标轴上时，相对应有三个投影矢量，分别为 I、J、K。投影矢量计算公式：$I = 1 \times \cos\alpha$，$J = 1 \times \cos\beta$，$K = 1 \times \cos\gamma$，其中 α、β、γ 分别为空间矢量与 X、Y、Z 三个轴的夹角，实际计算时通常都省略掉前面的"$1\times$"。所以矢量方向 I、J、K 通常也描述为矢量与相应坐标轴夹角的余弦，如图 1-3-34 所示，当空间矢量相对坐标系的方向发生改变时，其投影在坐标轴上的投影矢量的数值就发生相应的变化，即投影矢量的数值反映了空间矢量在空间坐标系中的方向。表 1-3-1 和表 1-3-2 为六平面的矢量方向值及常用的余弦角对应值。

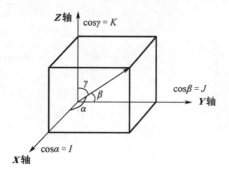

图 1-3-34　三维空间矢量图

表 1-3-1　常用矢量方向表

$X+$	1, 0, 0
$X-$	-1, 0, 0
$Y+$	0, 1, 0
$Y-$	0, -1, 0
$Z+$	0, 0, 1
$Z-$	0, 0, -1

表 1-3-2　常用角度余弦值

$\cos 0°$	1
$\cos 30°$	0.866
$\cos 45°$	0.707
$\cos 60°$	0.5
$\cos 90°$	0

7. 几何特征的属性

每种类型的几何特征都包含位置、方向及其他特有属性，通常用特征的质心坐标代表特征的位置，用特征的矢量方向表示特征的方向，下面分别列举几种常规几何特征的属性和实际测量时需要的最少测点数。

点的属性和最少测点数如图 1-3-35 所示。

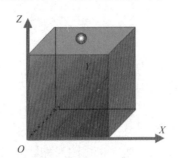

位置属性（质心）：点本身的坐标值
方向属性（矢量）：测头回退的方向
最少测点数：1
二维/三维：三维

图 1-3-35　点的属性和最少测点数

直线的属性和最少测点数如图 1-3-36 所示。

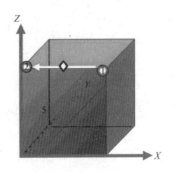

位置属性（质心）：直线中点的坐标值
方向属性（矢量）：第一点指向最后一点的方向
最少测点数：2
二维/三维：二维/三维

图 1-3-36　直线的属性和最少测点数

平面的属性和最少测点数如图 1-3-37 所示。

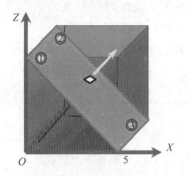

位置属性（质心）：平面重心的坐标值
方向属性（矢量）：垂直于平面测头回退的方向
最少测点数：3（不在一条直线上）
二维/三维：三维

图 1-3-37　平面的属性和最少测点数

圆的属性和最少测点数如图 1-3-38 所示。

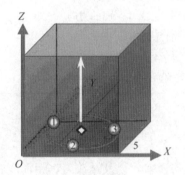

位置属性（质心）：圆心的坐标值
方向属性（矢量）：工作（投影）平面的方向
其他属性：圆的直径
最少测点数：3（不在一条直线上）
二维/三维：二维

图 1-3-38　圆的属性和最少测点数

圆柱的属性和最少测点数如图 1-3-39 所示。

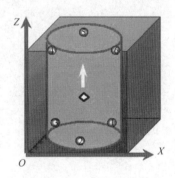

位置属性（质心）：重心的坐标值
方向属性（矢量）：第一层指向最后一层的方向
其他属性：圆柱的直径
最少测点数：6（至少两层，每层至少 3 点）
二维/三维：三维

图 1-3-39　圆柱的属性和最少测点数

圆锥的属性和最少测点数如图 1-3-40 所示。

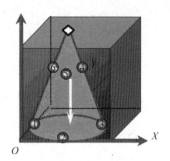

位置属性（质心）：锥顶点的坐标值
方向属性（矢量）：小圆指向大圆的方向
其他属性：圆锥的锥顶角
最少测点数：6（至少两层，每层至少 3 点）
二维/三维：三维

图 1-3-40　圆锥的属性和最少测点数

球的属性和最少测点数如图 1-3-41 所示。

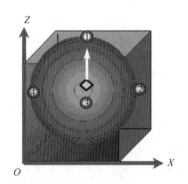

位置属性（质心）：球心的坐标值
方向属性（矢量）：工作平面的方向
其他属性：球的直径
最少测点数：4（4 点不共面）
二维/三维：三维

图 1-3-41　球的属性和最少测点数

　　实际测量时，由于工作表面存在着形状、位置等几何误差，以及波纹度、粗糙度、缺陷等结构误差，仅仅测量最少测点数是不够的，理论上说，测量几何特征时测点越多越好，但受限于实际测量条件、测量时间及经济性等因素，很难对所有被测几何特征进行全面的测量。因此在实际测量中根据尺寸要求和被测特征的精度，选择合适的测点分布和测量点数即可。

（二）操作实践

实训任务

（1）对 PC-DMIS 软件的操作界面进行了解、熟悉。

（2）新建一个名为 001 的程序，保存到以自己命名的文件夹里。

（3）另存为一个名为 002 的程序，保存到以自己命名的文件里。

想一想

1．练一练：打开 PC-DMIS 软件，熟悉其操作界面。

2．完成下面的特征特性表（表 1-3-3）。

表 1-3-3　特征特性表

特　　征	需要采点数	矢　量　方　向	属于二维/三维	测量和构造是否受工作平面的影响
点				

特　征	需要采点数	矢　量　方　向	属于二维/三维	测量和构造是否受工作平面的影响
直线				
圆				
平面				
圆柱				
圆锥				
球				

3．想一想：零件坐标系与数模坐标系之间的关系，如果零件坐标系与数模坐标系不一致时，会出现什么情况？

_____

_____

4．想一想：工作平面有何作用，如果在编程过程中工作平面选择错误，会出现什么情况？

_____

_____

項目二

简单箱体类零件的手动测量

● 项目描述 ●

我校数控系产学研组接到一批企业产品订单，零件图如图 2-1 所示，数量为 500 件，现在产品已经加工完成。现企业要求送货，并提供三坐标检测的产品出货报告。因为生产部门没有提供 CAD 模型，所以本次的任务是完成该零件尺寸的手动测量工作。

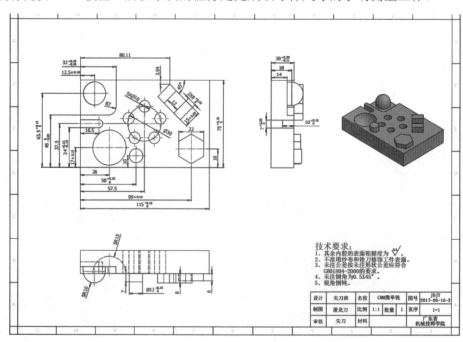

图 2-1　零件图

● 项目分析 ●

本次任务是完成该零件的手动测量工作，即包括正确测头并校验、用 3-2-1 法中的面-线-点法手动建立零件坐标系、手动测量几何特征、运行测量程序、公差评价及输出测量报告。

1. 通过分析图纸，明确所要测量的尺寸，具体尺寸如图 2-2 和图 2-3 所示

本项目通过讲解部分典型尺寸的测量来完成项目的要求，部分典型尺寸列表见表 2-1。

表 2-1　部分典型尺寸列表

序　号	项　目	尺　寸（mm）	备　注
1	3-2-1 法手动粗建零件坐标系	平面 1-线 1-点 1	
2	3-2-1 法手动精建零件坐标系	平面 2-线 2-点 2	
3	凸圆柱的直径、高度、定位尺寸	$\phi 12^{+0.025}_{0}$ mm、7mm、10mm、$\phi 50^{+0.1}_{0}$ mm	
4	六棱柱的尺寸	22mm、16mm	
5	5 个小圆的直径	$5 \times \phi 10$mm	
6	分度圆	$\phi 30$mm	
7	斜方块的定位尺寸	35mm、3.5mm、45°	
8	凹球的半径	$SR15$mm	
9	凸球与圆柱相贯线的圆的高度	18mm	

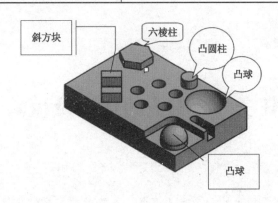

图 2-2　零件实物图

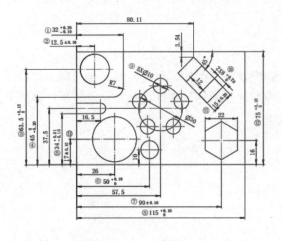
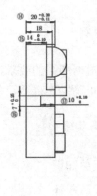

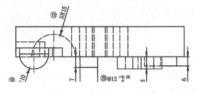

图 2-3　零件图样

2．根据要测量的几何特征选择合适的测头和摆放方式

根据要测量的几何特征尺寸、位置，选择合适的测针配置和测头角度。

测针可配置：4BY20；测头角度可用：A0B0、A90B-90。

3．测量规划

新建零件程序、校验测头。

手动粗坐标系（面-线-点法）。

手动粗坐标系（面-线-线法）。

测量上表面的几何特征（从左往右），工作平面：Z+。

测量左表面的几何特征，工作平面：X-。

尺寸评价。

程序自动运行。

输出测量报告。

● 项目实施 ●

任务1　测头的选择及校验

 任务描述

测头系统是保证测量精度的一个重要部件。在测量前，我们要根据被测零件的要求，正确配置测头系统，并能正确进行测头的校验，保证测头的精度在测量要求的范围内。

 任务要求

（1）能根据图纸的要求，正确配置测头组件，包括测座、传感器、加长杆、测针等。

（2）能正确操作机器，对已经配置好的测针进行校验，并能判断校验结果。

 任务实施

（一）相关知识

1．测头的选择

（1）测头组件和典型配置

一套常见的、完整的测头系统（探测系统）包括：测座、转接、测头（又称传感器）、加长杆、测针（又称探针），如图2-1-1所示。

（2）测座的选择

旋转式测座：使用灵活，分自动和手动两种，手动测座一般分为15°，自动测座分度有7.5°、5°、2.5°以及无极的，使用前注意仔细阅读用户手册，了解加长杆的承载能力。测座俯仰抬高方向为A角，围绕主轴自转方向为B角，如图2-1-2所示为常用的一种测座类型。

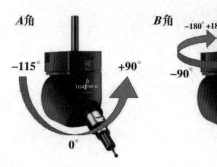

图 2-1-1　测头系统配置　　　　　　　　　图 2-1-2　测座的 A、B 角

固定式测座：需要高精度、长测针时，选择固定测座（测头），使用时需要配备复杂的测针组合来实现复杂角度的测量，灵活性不如旋转测座，但测量精度高，而且通常与扫描测头一体，可用于连续扫描，如图 2-1-3 所示。

图 2-1-3　固定式测座

（3）测头的选择

测量方式分为接触式触发测量、接触式连续扫描测量，以及非接触式光学测量。实际应用中，根据零件测量的范围、条件、灵活性和应用，完成零件的测量。

① 触发测头：经济，适用于一般应用，在只测尺寸、位置要素的情况下尽量选择接触式触发测头。

② 扫描测头：接触式连续扫描测量测头，精度更好，接加长杆的能力更强。在对形状及轮廓精度要求较高的情况下选用。

③ 光学测头：对易变形零件、精度不高的零件、要求超大量数据的零件的测量，可以考虑采用光学测头。

（4）测针的选择

由于测针的种类很多（各种不同的形状及不同材料的测针如图 2-1-4 和图 2-1-5 所示），所以在选用测针的时候，应注意以下几点。

① 在满足测量要求的前提下，测针应尽量短，因为测量时测针的弯曲越大，偏移越大，测量的重复精度则越低。

② 尽量减少接头，每增加一个测针与测针杆的连接，便增加了一个潜在的弯曲和

变形点。

③ 测针的直径必须小于测端直径，在不发生干涉的条件下，应尽量选大直径测针和大直径测端，这样一方面可以减小加工表面缺陷对测量精度的影响、增大测针的有效工作长度。另一方面是减少由于碰撞测针杆所引起的误触发。

④ 测针材料的选择：碳化钨刚性最强，但是其质量大；碳纤维、陶瓷刚性强，质量小，常用于长测针或加长杆。

⑤ 测尖材料：人造红宝石是最常见的测尖材料，常用于触发测量或低强度连续扫描测量。

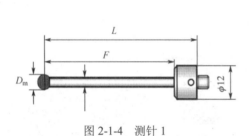

图 2-1-4　测针 1　　　　　　　　　　　图 2-1-5　测针 2

2．测头的校验

（1）测头校验的目的

测头是三坐标测量机数据采集的重要部件，其与零件的接触主要通过装配在测头上的测针来完成。坐标测量机在测量零件时，用测针的宝石球与被测零件表面接触，接触点与系统传输的宝石球中心点的坐标相差一个宝石球的半径，测头校验的第一个目的是需要通过校验得到的测针的半径值，对测量结果进行修正。

在测量过程中，往往要通过不同测头角度、长度和直径的测针组合测量特征，以得到所需要的测量结果。测头校验的第二个目的是通过测头校验得出不同测头角度之间的位置关系。

如图 2-1-6 所示，当通过经校准的标准球校验测头时，测量软件首先用测量系统传送的坐标（宝石球中心点坐标）拟合计算一个球，计算出拟合球的直径和标准球球心点坐标。这个拟合球的直径减去标准球的直径，就是被校正的测头（测针）的等效直径。由于测点时的各种原因，造成一定的延迟，会使校验出的测头（测针）直径小于该测针宝石球的名义直径，因此称为"等效直径"。该等效直径正好抵消在测量零件时的测点延迟误差。

校验时测针和标准球要保持清洁。测针、测头、测座等包括标准球都要固定牢固，不能有丝毫间隙。测头校验的速度要与测量时的速度保持一致。

每次对测座、测头、测针进行拆卸操作后都要重新对使用的所有测头位置进行校验。平时在使用过程中为减少环境变化对测头的影响，要定期进行校验。

 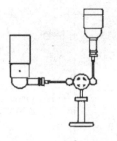

图 2-1-6 测头校验原理

（2）测头校验的步骤

利用 PC-DIMS 软件对测头校验的操作步骤如下。

① 新建一个测头文件。

在测量新零件时，进入测量软件后，软件会自动弹出"测头工具框"对话框，如图 2-1-7 所示。也可以在"插入"→"硬件定义"→"测头"菜单中选择进入"测头工具框"对话框。还可以把光标放在测头文件语句处，按【F9】键，调出"测头工具框"对话框。

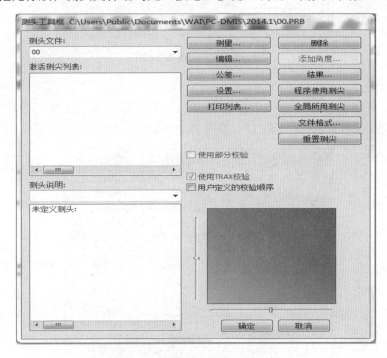

图 2-1-7 "测头工具框"对话框

② 定义测头文件名。

在 PC-DMIS 软件中，测头以文件的形式管理，每进行一次测头配置，都要用一个测头文件来区别。文件名在"测头工具框"对话框的"测头文件"处输入，也可以在该对话框中选择以前已使用过的测头文件进行测头校验，如图 2-1-8 所示。

为了完成测头文件每个组件的配置，从机器 Z 轴底端到测针之间的每个部分都需要定义。一个标准的测头配置由一个测座、转接（可没有）、传感器和测针组成。实际配置取决于当前机器加载的测头组件。

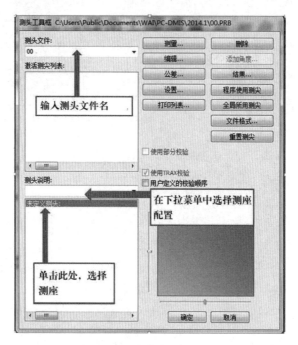

图 2-1-8　定义测头文件名

③ 定义测座。

单击未定义测头的提示语句，在测头说明的下拉菜单中选择使用的测座型号，如
TESASTAR-M，在右侧窗口中会出现该型号的测座图形，如图 2-1-9 所示。

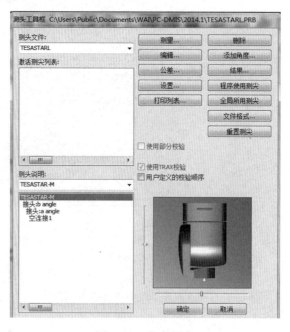

图 2-1-9　定义测座

④ 定义转接（可无）。

测座定义后，继续从下拉菜单中选择测座与测头之间的转接件，如图 2-1-10 所示。

⑤ 定义测头。

根据当前机器加载的实际测头，选择相应测头型号，如 TESASTAR-P，如图 2-1-11 所示。

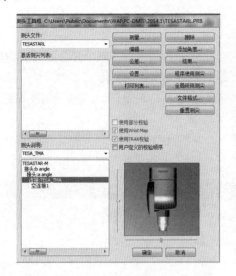

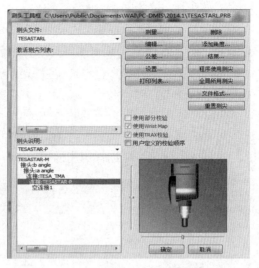

图 2-1-10　定义转接　　　　　　　　　　图 2-1-11　定义测头

⑥ 定义测针。

在下拉菜单中按照测针的红宝石球直径和测针长度选择相应的测针，如 TIP4BY20MM（"4"代表红宝石球的直径，"20"代表测针的长度）。如果在测头与测针间有加长杆，则要先定义加长杆，如 EXTEN30（"30"代表加长杆的长度），再定义测针。测针定义后，会在测头角度窗口中自动显示 A0，B0 角度位置，如图 2-1-12 所示。

【提示】配置测针和加长杆，要根据测头的承载能力来确定。如果测针和加长杆的质量超出测头的承载能力，会造成误触发或缩短测头的使用寿命及精度。

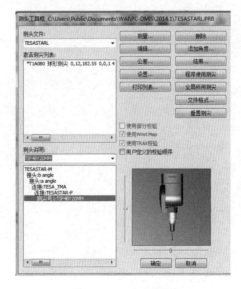

图 2-1-12　定义测针

⑦ 添加测头角度。

如需添加测头角度，在"测头工具框"对话框中单击"添加角度"按钮，即出现"添加新角"对话框，如图 2-1-13 所示。PC-DMIS 软件提供三种添加角度的方法。

● 对于单个测头位置角度，可在 A 区中"添加单个角度"下的文本框中输入 A、B 角度。

● 对于多个分布均匀的测头角度，在 B 区的"批量添加角度"下的文本框中分别输入 A、B 方向的起始角、终止角、角度增量的数值，软件会生成均匀角度。

● 在 C 区的矩阵表中，纵坐标是 A 角，横坐标是 B 角，其间隔是当前定义测座可以旋转的最小角度。使用者可以按需要随意选择。

这些角度的测头位置定义后，将使用其 A 角和 B 角的角度值来命名。在使用这些测头位置时，只要按照其角度值选择调用即可。

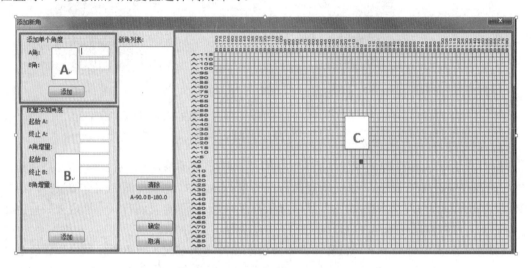

图 2-1-13　"添加新角"对话框

⑧ 设置测头校验参数及标准球。

单击"测头工具框"对话框中的"测量"按钮，弹出"校验测头"对话框，如图 2-1-14 所示，具体参数设置如下。

测量点数：校验时测量标准球的采点数，推荐为 9～13 点。

逼近/回退距离：测头触测或回退时速度转换点的位置，一般为 2～5mm。

移动速度：测量时位置间的运动速度，一般采用 20%。

触测速度：测头接触标准球时的速度，一般采用 2%。

控制方式：一般采用"DCC"方式。

操作类型：选择"校验测尖"。

校验模式：一般应采用"用户定义"，在采点数为 9～12 点时，层数应选择 3 层。起始角和终止角分别为 0°和 90°。0°位置是标准球直径最大的地方。

单击"添加工具"按钮，弹出"添加工具"对话框，如图 2-1-15 所示。在"工具标识"后的文本框中输入标识，在"支撑矢量"后的文本框中输入标准球的支撑矢量（指向标准球），在"直径/长度"后的文本框中输入标准球检定证书上标注的实际直径值，单击"确定"按钮。

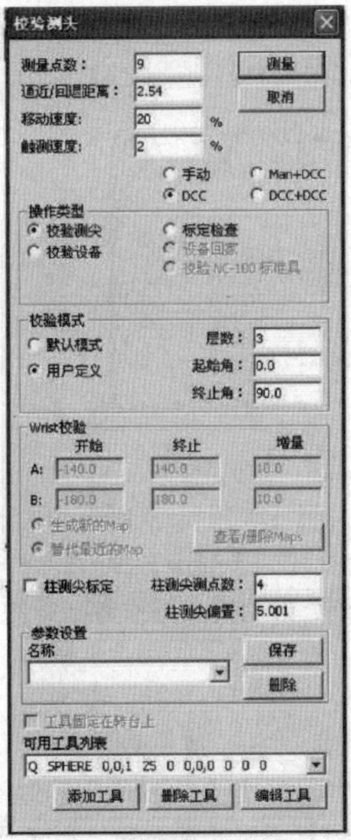

图 2-1-14　"校验测头"对话框 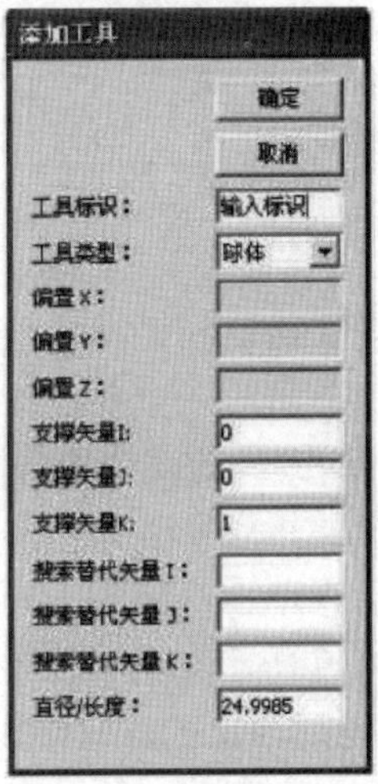　　　　图 2-1-15　　"添加工具"对话框

⑨ 校验测头。

在"校验测头"对话框设置完成后，单击"测量"按钮（在单击"测量"按钮前，需要事先使用操纵盒，把测头抬高确保避开障碍物）。

如果单击"测量"按钮前没有选择要校验的测针时，PC-DMIS 软件会出现提示对话框，如图 2-1-16 所示。若不是要校验全部测针，则单击"否"按钮，选择要校验的测针后，重复以上步骤。若确实要校验全部测针，单击"是"按钮。

PC-DMIS 软件在操作者选择了要校验的测针后，弹出提示对话框，警告操作者测座将旋转到 A0、B0 角度，这时操作者应检查测头旋转后是否与零件或其他物体相干涉，及时采取措施。同时要确认标准球是否被移动。如图 2-1-17 所示，PC-DMIS 软件会根据最后一次记忆的标准球位置自动进行所有测头位置的校验。

图 2-1-16　提示对话框　　　　　图 2-1-17　警告对话框

如果单击"是"按钮，PC-DMIS 软件会弹出另一对话框，如图 2-1-18 所示，提示操作者如果校验的测针与前面校验的测针相关，应该用前面标准球位置校验过的一号测针或已经在前一个标准球位置校验过的、本次校验的第一个测针优先校验，以使它们互相关联。

单击"确定"按钮后,操作者若使用操纵盒控制测量机用测针在标准球与测针正对的最高点处触测一点,测量机会自动按照设置进行全部测针的校验。

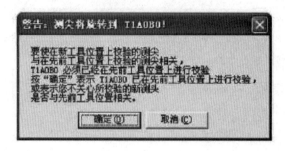

图 2-1-18   警告对话框

若操作者需要指定测针的校验顺序,在"测头工具框"对话框中勾选"用户定义的校验顺序"选项,单击第一个要校验的测针,然后在按下【Shift】键的同时,按顺序单击其他测针,在定义的测针前就会出现顺序编号,系统会自动按照操作者指定的顺序校验测针。

(3)查看校验结果

测头校验后,单击"测头工具框"对话框中的"结果"按钮,会弹出"校验结果"对话框,如图 2-1-19 所示。在"校验结果"对话框中,"理论值"是在测头定义时输入的值,"测定值"是校验后得出的校验结果。其中"X""Y""Z"是测针的实际位置,由于这些位置与测座的旋转中心有关,所以它们与理论值的差别不影响测量精度。"D"是测针校验后的等效直径,由于测点延迟的原因,这个值要比理论值小,由于它与测量速度、测针的长度、测杆的弯曲变形等有关,在不同情况下会有区别,但在同等条件下,相对稳定。"StdDev"是本次校验的形状误差,从某种意义上反映了校验的精度。这个误差应越小越好。如果结果显示"StdDev"的值不能满足测量的要求,则应该检查测针是否松动或用酒精重新擦拭标准球和红宝石球,再次重复以上步骤,重新对测针进行校验。

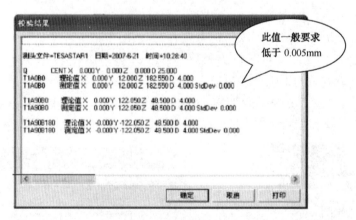

图 2-1-19   "校验结果"对话框

(二)操作实践

实训任务

(1)打开一个软件中已经使用过的测头文件。

（2）以 TIP3BY20MM 为测头文件名，新建一个测头文件。

（3）对应所操作的测头系统，配置好每个组件。

（4）添加测头角度：A0B0、A90B-90、A90B180、A90B45。

（5）定义测头校验参数（测头点数：9 点；逼近/回退距离：3mm；移动速度：20%；触测速度：2%；控制方式：DCC；操作类型：校验测尖；校验模式：用户定义，采点数为 9 点，层数 3 层；起始角和终止角分别为 0°和 90°。）

（6）校验测头：校验全部测针。

（7）校验测头：在第 4 项任务中，只校验部分的测针 A0B0、A90B-90、A90B45。

（8）校验测头：按以下顺序校验，A0B0、A90B-90、A90B180、A90B45。

（9）把定义测头校验参数中的移动速度"20%"改为绝对移动速度"100mm/s"；触测速度"2%"改为绝对触测速度"20mm/s"。

💡 想一想

1．请你查一查，你操作的三坐标测量机的测头系统包括哪些部分？分别把相关信息填写入表 2-1-1。

表 2-1-1　三坐标测量机的测头系统的组成部分

序　号	名　称	型　号	精　度	备　注
1	测座			
2	转接器			
3	传感器			
4	加长杆			
5	测针			
6	测头控制盒			

2．通过查阅资料，请说出你了解的其他类型的测头。

_____

_____

_____

3．简述测头补偿的原理。

_____

_____

_____

4．简述测头校验的步骤。

_____

_____

_____

_____

5．有哪些操作会造成测头校验误差？

_____

_____

_____

_____

任务 2　零件坐标系的建立

 任务描述

　　所有的数控加工设备与测量仪器除了拥有自己的多个运动轴线（直线和回转等）外，还将通过这些运动轴线的有效组合，形成一个空间的轴系，最常见的是组成直角坐标系，这同时也构建了所谓的机器坐标系。机器坐标系也称世界坐标系，是测量机固有的坐标体系，测量机的移动控制、测量操作与测量数据的存储都是在该坐标系下进行的。每台三坐标测量机只有一个机器坐标系，在开机后通过"回零"操作建立。而在实际工作时，为了方便工作和计算方面的需要，又会在机器坐标系下设置若干个与机器坐标系相关的坐标系，这就是零件坐标系。零件坐标系是根据测量和评定工作的需要，使用零件上的几何特征或坐标变换操作建立的虚拟坐标系，零件坐标系可以有多个，可根据需要切换使用。建立零件坐标系的方法有多种，本次任务主要介绍用 3-2-1 法手动建立零件坐标系。

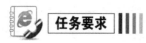 **任务要求**

　　（1）能熟练描述 3-2-1 法建立零件坐标系的步骤。
　　（2）分析图纸，能根据图纸的要求，正确选择零件坐标系的原点。

 任务实施

相关知识

1．坐标系的定义

（1）建立坐标系的必要性
　　有了精密的测量机和测头系统，要想最终得到正确的检测报告，就必须理解怎样建立一个正确的零件坐标系。坐标系的建立是后续测量的基础，建立了错误的坐标系将直接导致测量尺寸的错误，因此建立一个正确的参考方向即坐标系是非常关键和重要的。用 3-2-1 法手动建立零件坐标系是最基本的方法。

（2）建立零件坐标系的目的
　　① 满足检测工艺的要求。
　　② 满足同类批量零件的测量。
　　③ 满足装配、加工和设计中基准的建立。

2．3-2-1 法手动建立零件坐标系的步骤

第一步：测量平面，找正零件，即确定第一轴向。

技术图纸上一般会指明基准面。如果没有指明，则测量表面比较好的平面且使测点尽可能均匀分布在整个平面上。测量一个平面至少需要三个点，一般情况可以测量更多的点参与平面的计算，如图 2-2-1 所示。此时得到的平面可以计算平面度。

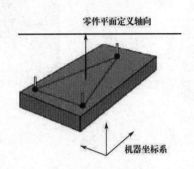

图 2-2-1　找正零件

第二步：旋转轴，即确定第二轴向。

在刚才讨论的坐标系下，要将机器的轴向与零件的一个轴向联系起来，需要我们告诉软件如何联系——用两个孔的中心连线来确定零件的第二轴向。在软件中，利用这条线进行旋转，使测量机坐标轴旋转到这条连线上，与零件坐标系的方向一致，如图 2-2-2 和图 2-2-3 所示。

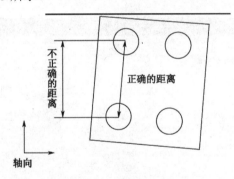

图 2-2-2　坐标轴旋转前

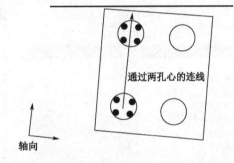

图 2-2-3　坐标轴旋转后

因为零件坐标系的三个轴是互相垂直的，因此一旦确定了两个轴，第三个轴也就唯一确定了。

第三步：设定原点。

原点处于其中一个圆的圆心处，如图 2-2-4 所示。它的坐标值为 $X=0$，$Y=0$ 和 $Z=0$，设置了零件的三个轴和原点后一个坐标系就建好了。

3．用 3-2-1（面-线-点）法建立零件坐标系

建立坐标系要按三个步骤进行：零件找正、旋转轴、设置原点。

（1）测量平面，零件找正（设定 Z 轴的方向及原点）

在采点前确认 PC-DMIS 软件设定为程序模式，选择命令模式图标。在上平面上采三个测点。这三个测点的形状应为三角形，如图 2-2-5 所示，并且尽可能向外扩展。在采第三个测点后按【End】键。PC-DMIS 软件将显示特征标识和三角形，指示平面的测量。

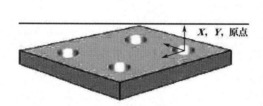

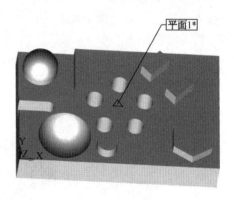

图 2-2-4　设定原点　　　　　　　　　　图 2-2-5　测量平面

单击"插入"→"坐标系"→"新建"菜单命令，打开"坐标系功能"对话框，如图 2-2-6 所示。选择平面 1，在"找正"按钮左侧的下拉框中选择"Z 正"，单击"找正"按钮后 PC-DMIS 软件将用在零件上测量出的平面 1 的法线矢量方向作为 Z 轴的方向。在"坐标系功能"对话框左上角的文本框中显示"Z 正找正到平面标识＝平面 1"。在特征列表中单击"平面 1"，勾选"原点"按钮上方的"Z"复选框，单击"原点"按钮。在"坐标系功能"对话框左上角的文本框中显示"Z 正平移到平面标识＝平面 1"，如图 2-2-7 所示。

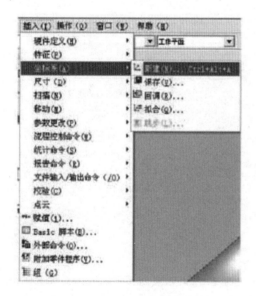

图 2-2-6　打开"坐标系功能"对话框

图 2-2-7　找正语句

（2）锁定旋转方向（设定 X 轴的方向及 Y 轴的原点）

要测量直线，在零件的边线上采两个测点，零件左侧的第一个测点和零件右侧的第二个测点。如图 2-2-8 所示，测量直线特征时方向非常重要，因为 PC-DMIS 软件使用该信息来创建坐标轴系统。在采第二个测点后按【End】键。PC-DMIS 软件将在图形显示窗口中显示特征标识和被测直线。

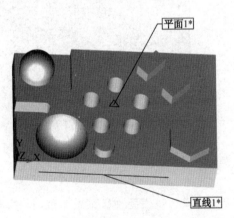

图 2-2-8　测量直线

在特征列表中单击"直线 1"并使其突出显示，在"旋转到"的下拉框里选择"X 正"，在"围绕"下拉框里选择"Z 正"，然后单击"旋转"按钮。在特征列表中单击"直线 1"，勾选"原点"按钮上方的"Y"复选框，单击"原点"按钮。在"坐标系功能"对话框左上角的文本框中显示"X 正旋转到直线标识＝直线 1 关于 Z 正"，"Y 正平移到直线标识＝直线 1"，如图 2-2-9 所示。

（3）设置原点（设定 X 轴的原点）

在零件左侧边缘测量一个矢量点，得到特征点 1，如图 2-2-10 所示，可用于设定 X 轴的原点。

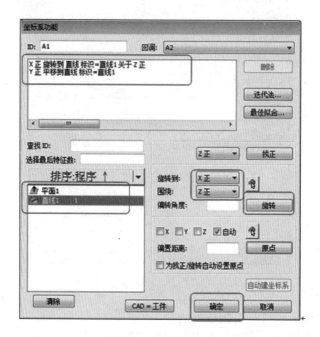

图 2-2-9　旋转语句

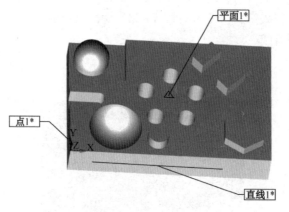

图 2-2-10　测量点

　　然后单击"插入"→"坐标系"→"新建"菜单命令，将打开"坐标系功能"对话框。特征列表中单击"点 1"并使其突出显示，勾选"原点"按钮上方的"X"复选框，单击"原点"按钮。在"坐标系功能"对话框左上角的文本框中显示"X 正平移到点标识=点 1"，如图 2-2-11 所示。

　　以上用一个例子介绍了用 3-2-1 法建立坐标系的过程。同时也描述了手动测量平面、直线和点的过程。

　　5．查看坐标系

　　图形显示窗口可以很直观地显示已经存在的特征的位置，以及利用这些特征所建立坐标系的方向等，如图 2-2-12 所示。

图 2-2-11　设置原点

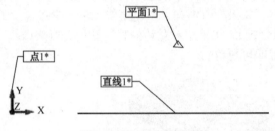

图 2-2-12　查看坐标系

任务3　程序的编写（手动测量）

任务描述

在坐标测量中，零件的几何特征是通过对零件轮廓面的测量，并进行拟合和相应的修正补偿计算得到的。零件中的常规几何特征包括点、线、面、圆、圆柱、圆锥、球等，其几何特征都是在点的基础上，通过拟合计算后得到的。由于实际零件与理论模型之间存在误差，用来拟合的数据点又来自实际测量，总会带有测量误差，这些误差都将表现在最终的要素拟合结果中。此外，不经过拟合操作，仅对已有的几何特征进行相关的数学处理操作，如相交线、相交点等，也同样能得到新的几何特征，但生成的几何特征是没有拟合误差的，因为它们是通过理想特征直接生成的。本次任务包括两大方面，一是通过操纵盒在零件上实际触测生成常见的几何特征——点、线、面、圆、圆柱、圆锥、球等；二是通过构造的方式生成我们测量过程中所需要的新的没有拟合误差的几何特征。

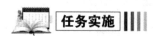

任务要求 ||||

（1）能说出常规几何特征测量时的最少采点数。

（2）能利用操纵盒在零件上触测出常规的几何特征包括点、线、面、圆、圆柱、圆锥、球等。

（3）能利用软件中的构造功能，正确构造出相交点、中点、隅角点、拟合圆等几何特征。

任务实施 ||||

（一）相关知识一

本任务要求完成图 2-1 所示零件的尺寸测量。PC-DMIS 软件能自动识别的特征包括点、线、面、圆、球、圆柱、圆锥等。下面介绍如何手动测量这些特征。

1. 手动测量点

按下操纵盒上的【Slow】键，驱动测头缓慢移动到要采集点的曲面的上方，尽量确保点的方向垂直于曲面。采点数量将在 PC-DMIS 界面右下方的工具状态栏中显示，如图 2-3-1 所示。确定点的最少采点数为 1 点。按键盘上的【End】键或操纵盒上的【Done】键，所采的点将进入到程序中。如果想取消此点重新采集，单击操纵盒上的【DEL PNT】键（或键盘上的【Alt＋−】组合键）。如果想对默认的特征数值进行更改，将光标定位于编辑窗口此特征处，按【F9】键即可更改。

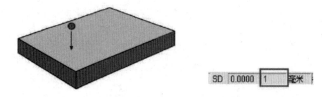

图 2-3-1　手动测量点

2. 手动测量直线

使用操纵盒将测头移动到指定位置，驱动测头沿着逼近方向在曲面上采集点。如果要在指定方向上创建直线，采点的顺序非常重要，起始点到终止点的方向决定了直线的方向，如图 2-3-2 所示。确定直线的最少采点数为 2 点。按键盘上的【End】键或操纵盒上的【Done】键将创建此特征。

3. 手动测量平面

使用操纵盒驱动测头逼近平面上第一点，然后接触平面并记录该点。确定平面的最少采点数为 3 点，如图 2-3-3 所示。一旦所有的测点被采集，按键盘上的【End】键或操纵盒上的【Done】键即可。

4. 手动测量圆

PC-DMIS 软件不需要提前预知内圆或外圆的直径，只要在自动探测特征上采集点即可。使用操纵盒采集第一点，PC-DMIS 软件将保存在圆上采集的点，因此采集时的精确性及测点均匀间隔非常重要。确定圆的最少采点数为 3 点，如图 2-3-4 所示。一旦所有测点被采集，按键盘上的【End】键或操纵盒上的【Done】键即可。

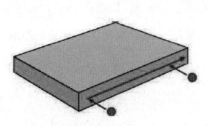

图 2-3-2　手动测量直线

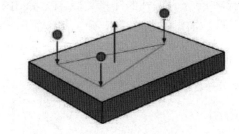

图 2-3-3　手动测量平面

5．手动测量球

测量球与测量圆相似，只是还需要在球的顶点采集一点，指示 PC-DMIS 软件计算的是球而不是圆。PC-DMIS 软件需要确定球特征的最少采点数为 4 点，其中一点需要采集在顶点上，如图 2-3-5 所示，如果采集了错误点需重新采集。然后按键盘上的【End】键或操纵盒上的【Done】键即可。

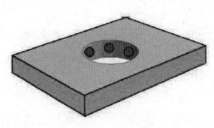

图 2-3-4　手动测量圆

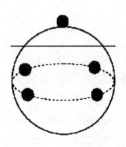

图 2-3-5　手动测量球

6．手动测量圆柱

测量圆柱的方法与测量圆的方法类似，只是圆柱的测量至少需要测量两层。必须确保第一层圆测量时的采点数足够再移到第二层。计算圆柱的最少采点数为 6 点（每个截面圆 3 点），如图 2-3-6 所示。圆柱轴线方向的确定规则与直线的相同，即从起始端面圆指向终止端面圆的方向。

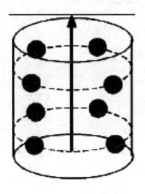

图 2-3-6　手动测量圆柱

7. 手动测量圆锥

圆锥的测量与圆柱的测量类似。PC-DMIS 软件会根据直径的大小得知测量的特征。要计算圆锥，PC-DMIS 软件需要确定圆锥的最少采点数为 6 点（每个截面圆 3 点），如图 2-3-7 所示，要确保每个截圆所采的点在同一高度。先测量第一组点集合，再将第三轴移动到圆锥的另一个截面上测量第二个截面圆。

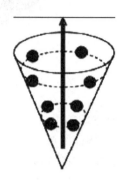

图 2-3-7 手动测量圆锥

8. 替代推测

PC-DMIS 软件能自动判断的特征有点、线、面、圆、圆柱、圆锥和球 7 种。有时当特征类型不太明确时会出现误判断，如一个比较窄的面可能会判断为一条线，这时可以利用替代推测来进行特征类型的强制转换，具体操作步骤如下。

① 将光标放在被误判断的特征位置。

② 在"编辑"→"替代推测"菜单中选择你期望测量的特征类型即可，如图 2-3-8 所示（对于转换得到的特征应将其重新自动运行一次）。

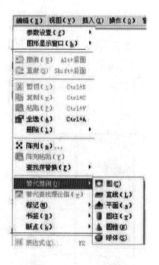

图 2-3-8 替代推测

9. 手动特征测量

下面以圆为例介绍手动特征测量的步骤。

① 确认工作平面为 $Z+$。

② 移动测头到"圆1"第1个测点上方合适高度，按下【Print】键添加一个移动点。

③ 然后向下运动到第1个测点回退方向5mm左右，按下【Slow】键切换到慢速触测，触测后并回退，取消慢速触测，快速移动到第2个测点回退方向5mm左右。

④ 以同样的方法完成第2、3、4点的触测。

⑤ 检查状态栏测点数为4，检查状态窗口显示误差正常，按下【Done】键生成"圆1"。

⑥ 快速抬起到合适的高度，加入一个移动点。

⑦ 如果状态窗口显示形状误差偏大，说明测点位置制造误差偏大或者存在人为采点误差，在按下【Done】键前，可以通过操纵盒上的【DEL PNT】键删除已采点，每次删除一个，可以从状态栏观察测点数的变化，按下【Done】键后，只能删除该特征重新测量。

10．手动特征测量的注意事项

使用手动方式测量零件时，为了保证手动测量所得数据的精确性，要注意以下几个方面。

① 要尽量测量特征的最大范围，合理分布测点位置及测量适当的点数。

② 触测时的方向要尽量沿着测量点的法向矢量，避免测头"打滑"。

③ 触测时应按下慢速键，控制好触测速度，测量各点时的速度要一致。

④ 测量二维特征时，须确认选择了正确的工作（投影）平面。

11．手动特征测量汇总

手动特征测量汇总见表2-3-1。

表2-3-1　手动特征测量汇总

特　　征	数学拟合最少要求点数	推荐测量点数	矢　量　方　向	维数	测量和构造时需要注意
点	1	1	采点反弹方向	3	不需要注意
直线	2	5	起点→终点	2	受工作平面的影响
圆	3	7	与工作平面一致	2	受工作平面的影响
平面	3	9	与工作平面一致	3	不需要注意
圆柱	6（两个平行截面圆）	12（为了得到直线度信息）	起始层→终止层	3	不需要注意
		15（为了得到圆柱度信息）			
圆锥	6（两个平行截面圆）	12（为了得到直线度信息）	小端→大端	3	不需要注意
		15（为了得到圆锥面轮廓度信息）			
球	4（一个截面圆与不在同一层的点）	9	与工作平面一致	3	不需要注意

（二）相关知识二

构造特征

在日常的检测过程中，有些特征无法直接测量得到，必须使用构造功能相应的特征，才能完成特征的评价，如图2-3-9中所示的分度圆 ϕ30mm，就需要用到构造圆及构造点。下面介绍几种常用的构造点、构造线、构造圆的方法。

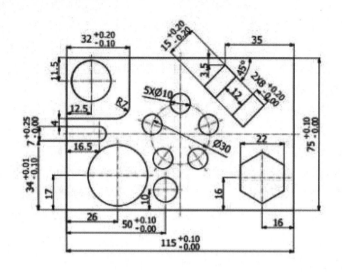

图 2-3-9　构造特征举例

1．构造点

如图 2-3-9 所示，六棱柱的定位尺寸为 16mm，这就需要构造出六棱柱边的中点及交点。方法是在六棱柱的六个侧面分别测量出一条直线，相邻两条边分别构造交点，然后再构造边的中点，如图 2-3-10 所示，下面介绍构造点的具体方法。

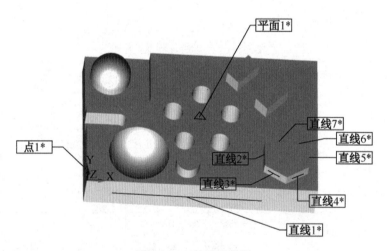

图 2-3-10　构造点举例

（1）构造交点

构造交点的具体操作步骤如下。

① 单击"插入"→"特征"→"构造"→"点"菜单命令，打开"构造点"对话框。

② 在构造方法中选择"相交"。

③ 在特征列表中选择"直线 2""直线 3"。

④ 单击"创建"按钮，构造出交点"点 2"。

【注意】构造交点功能用于构造两个线性特征之间的相交点，如图 2-3-11 所示。

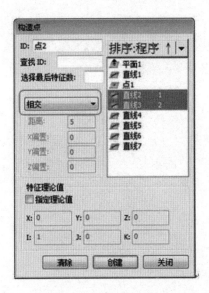

图 2-3-11　构造交点 2

⑤ 用同样的方法，选择"直线 2"与"直线 7"构造出交点"点 3"，如图 2-3-12 所示。

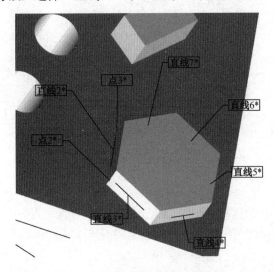

图 2-3-12　构造交点 3

（2）构造中点

交点"点 2""点 3"构造出来后，要评价尺寸"16"，还需要构造出"点 2""点 3"的中点，具体操作步骤如下，如图 2-3-13 所示。

① 单击"插入"→"特征"→"构造"→"点"菜单命令，打开"构造点"对话框。

② 在构造方法中选择"中点"。

③ 在特征列表中选择"点 2""点 3"。

④ 单击"创建"按钮，构造出中点。

【注意】构造中点功能用于构造两个任意特征质心点之间的中点。

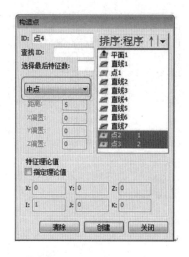

图 2-3-13　构造中点

在编辑窗口中生成的编程语句如图 2-3-14 所示。

点2　　=特征/点，直角坐标,否
　　　　理论值/<88,9.649,2.039>,<0,-1,0>
　　　　实际值/<88,9.649,2.039>,<0,-1,0>
　　　　构造/点,相交,直线2,直线3
点3　　=特征/点,直角坐标,否
　　　　理论值/<88,22.351,1.801>,<0.8660254,0.5,0>
　　　　实际值/<88,22.351,1.801>,<0.8660254,0.5,0>
　　　　构造/点,相交,直线7,直线2
点4　　=特征/点,直角坐标,否
　　　　理论值/<88,16,1.92>,<0,0,1>
　　　　实际值/<88,16,1.92>,<0,0,1>
　　　　构造/点,中间,点2,点3

图 2-3-14　生成语句

（3）构造隅角点

要测量小斜方块的定位尺寸，就需要构造出小斜方块三个面的交点，也就是隅角点，下面介绍构造隅角点的方法，如图 2-3-15 和图 2-3-16 所示。

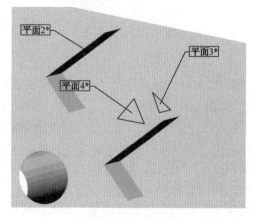

图 2-3-15　测量特征

具体操作步骤如下。

① 单击"插入"→"特征"→"构造"→"点"菜单命令，打开"构造点"对话框。

② 在构造方法中选择"隔角点"。

③ 在特征列表中依次选择 3 个平面"平面 2""平面 3""平面 4"。

④ 单击"创建"按钮，构造出隔角点。

【注意】"隔角点"用于构造三个平面的交点。

图 2-3-16　构造隔角点

在编辑窗口中生成的编程语句如图 2-3-17 所示，构造出的"点 7"如图 2-3-18 所示。

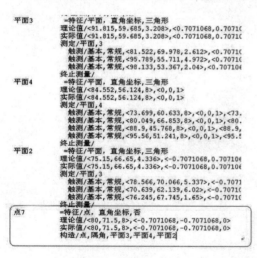

图 2-3-17　生成语句

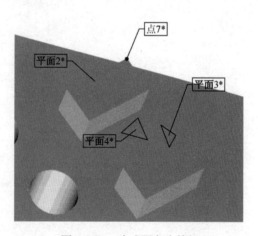

图 2-3-18　生成隔角点特征

在 PC-DMIS 软件中还有很多方法用于构造各种有用的点，包括原点、套用、刺穿、投影、垂点等。每种方法对所利用的特征的类型及数目均有不同的要求，具体要求及各种方法在后面的项目中再具体阐述。

2. 构造圆

如果 2-3-9 所示，本例中需要构造圆的地方主要有两个，一是构造分度圆ϕ30mm，二是构造凸球与圆柱相贯的圆。

（1）构造拟合圆

测量 5 个小圆，如图 2-3-19 所示。

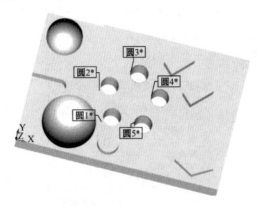

图 2-3-19　测量特征

具体操作步骤如下。

① 单击"插入"→"特征"→"构造"→"圆"菜单命令，打开"构造圆"对话框，如图 2-3-20 所示。

② 在特征列表中选择"圆 1""圆 2""圆 3""圆 4""圆 5"。

③ 单击"创建"按钮，构造最佳拟合圆。

图 2-3-20　构造最佳拟合圆

构造的分度圆作为一个特征，在编辑窗口中生成的编程语句如图 2-3-21 所示。

```
圆6        =特征/圆, 直角坐标, 外, 最小二乘方, 否
           理论值/<57.5,37.5,-8>,<0,0,1>,30
           实际值/<57.5,37.5,-8>,<0,0,1>,30
           构造/圆, 最佳拟合, 2D, 圆1, 圆2, 圆3, 圆4, 圆5,,
           局外层 移除/关, 3
           过滤器/关, UPR=0
```

图 2-3-21　生成语句

（2）球指定直径值构造圆

测量球与圆柱，如图 2-3-22 所示，具体操作步骤如下。

① 单击"插入"→"特征"→"构造"→"圆"菜单命令，打开"构造圆"对话框，如图 2-3-23 所示。

② 在特征列表中选择"球 1"。

③ 选择"球体""直径"，并输入直径值。

④ 单击"创建"按钮。

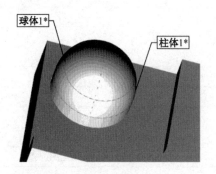

图 2-3-22 测量特征

图 2-3-23 构造球指定直径值构造圆

在球指定直径处创建了一个"圆 7"，如图 2-3-24 所示。

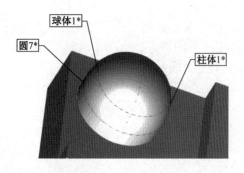

图 2-3-24 生成圆特征

在编辑窗口中生成的编程语句如图 2-3-25 所示。

```
圆7          =特征/圆，直角坐标，外，否
             理论值/<12.5,63.5,-2>,<0,0,1>,20
             实际值/<12.5,63.5,-2>,<0,0,1>,20
             构造/圆,球体,球体1,直径,参考_矢量 = 球体_矢量
```

图 2-3-25 生成语句

（三）操作实践一

实训任务

（1）利用操纵盒在零件上触测出点、线、面、圆、圆柱、球。

（2）利用构造点中的"相交"命令，构造出六棱柱的六个顶点。

（3）利用构造点中的"中点"命令，构造出六棱柱每条棱边的中点。

（4）利用构造点中的"隅角点"命令，构造出小斜方块的三个隅角点。

（5）测量零件上的 5 个小圆，构造出通过 5 个小圆圆心的分度圆。

（6）利用零件上外圆柱指定高度"2"构造出一个圆。

想一想

1. 特征构造有什么作用？为什么需要用到特征构造的功能？

_____

_____

2. 简述"最佳拟合"与"最佳拟合重新补偿"的区别。

_____

_____

3. 列举构造圆的方法有哪些？

_____

_____

（四）操作实践二

实训任务

（1）利用操纵盒在零件的上表面触测一个平面，前平面触测一条直线，在左平面触测一个点，用 3-2-1 法把零件坐标系的原点建立在零件的左下角。

（2）利用操纵盒在零件的上表面触测一个平面，右平面触测一条直线，在前平面触测一个点，用 3-2-1 法把零件坐标系的原点建立在零件的右下角。

（3）把零件坐标系原点建立在零件上凹球的球心位置。

想一想

1. 想一想，有什么方法可以检验你所建立的零件坐标系的正确性？

_____

_____

2. 简述零件坐标系的原理。

_____

_____

_____

3．简述 3-2-1 法建立坐标系的步骤。

_____

_____

4．简述 3-2-1 法中的面-面-面法建立零件坐标系的步骤。

_____

_____

任务 4　程序的运行

 任务描述 ||||

通过前面的学习，已经建立了我们需要的特征，但在评价前还需要自动运行一遍程序，以保证测针不发生碰撞。本次任务就是学会如何自动运行程序，保证测针所走的路径不发生碰撞。

 任务要求 ||||

（1）能根据图纸的要求，在程序中添加合适的移动点。
（2）能正确设置移动速度、触测速度、逼近距离、回退距离等运动参数。
（3）能正确运行所编写的测量程序。

 任务实施 ||||

（一）相关知识

1．自动模式

前面已经学过使用 3-2-1 法建立零件坐标系，即手动创建坐标系。手动创建坐标系是为了告诉测量机零件的位置。在手动创建坐标系之后，需要将测量模式更改为自动模式（其图标如图 2-4-1 所示），然后使用自动模式创建自动程序（自动程序可自动执行）。自动创建坐标系是为了加强坐标系的精度。精建的坐标系（自动创建的坐标系），不必与手动创建的坐标系完全一样，但必须按照图纸要求进行创建。

图 2-4-1　测量模式工具栏

2. 设置运动参数

运动参数包括移动速度、触测速度、逼近距离、回退距离等。可以通过参数编辑菜单命令或直接按下快捷键【F10】来设置，如图 2-4-2 和图 2-4-3 所示。

图 2-4-2 设置逼近距离、回退距离

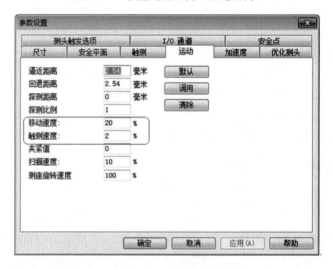

图 2-4-3 设置移动速度、触测速度

下面对主要的运动参数的含义进行讲解。

① 移动速度一般为机器最高速度的百分比，可以设置为机器最高速度的 1%~100% 的任何数值。

② 触测速度一般为机器最高速度的百分比，但不能超过 20%。

设置后，编辑窗口中的命令行为："移动速度/30 触测速度/5"。

③ 逼近距离，PC-DMIS 软件开始寻找零件时自动移向曲面的距离。当测量圆或圆弧时，PC-DMIS 软件可以自动改变此数值。编辑窗口中的命令行为："逼近距离/mm"。

④ 回退距离，测头在测量后自动离开曲面的距离。当测量圆或圆弧时，PC-DMIS 软

件可以自动改变此数值。编辑窗口中的命令行为："回退距离/mm"。

理解逼近距离、回退距离和移动速度、触测速度，对于了解机器自动触测零件的过程非常重要。机器以移动速度移向特征，当测头距离零件为逼近距离时更改为触测速度触测零件；触测完毕，以触测速度回退一个回退距离，以移动速度移向下一个特征。移动速度和触测速度可以是机器最高速度的百分比，也可以是绝对速度，更改方法是按快捷键【F5】，打开"设置选项"对话框，如图 2-4-4 所示。

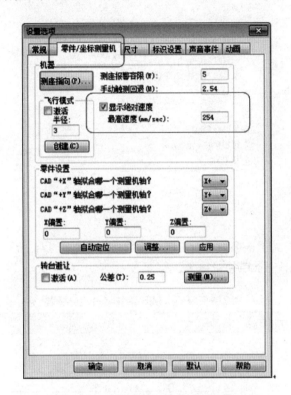

图 2-4-4   更改移动速度为绝对速度

3．设置移动点

自动测量不同于手动测量的最大地方是在执行程序时，需要注意测头在两个特征点之间怎样移动。为了保证测针从一个特征移动到另一个特征的过程中不会发生碰撞，添加移动点和安全平面是非常重要的。下面将详细介绍如何添加移动点，添加安全平面将在下一个项目中详细介绍。

移动点用于定义测量过程中测头的运动轨迹，可以通过软件中的指令【Ctrl+M】或操纵盒按键【Print】添加到程序中。在程序中添加移动点时，应保证测头在运动过程中始终处于安全位置，避免碰撞到零件或夹具。切记，测头是沿着移动点间的最短路径即直线运行的。添加移动点的具体方法：单击"插入"→"移动"→"移动点"菜单命令，如图 2-4-5所示，或使用快捷键【Ctrl+M】。

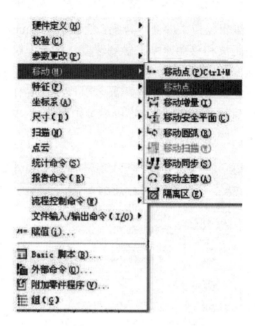

图 2-4-5　添加移动点

4．常用快捷键

PC-DMIS 软件提供了很多快捷键，熟练运用快捷键对于我们提高测量效率有很大的帮助，表 2-4-1 汇总了部分常用的快捷键。

表 2-4-1　PC-DMIS 软件常用的快捷键

序　号	快　捷　键	含　　义	备　　注
1	F1	帮助键	
2	F3	标记键	
3	F5	设置选项	
4	F6	字体设置	
5	F9	编辑光标所在特征	
6	F10	参数设置键	
7	Ctrl + Alt + P	调出测头工具框	
8	Shift + F6	更改编辑窗口的颜色	
9	Alt + P	显示路径线	
10	Ctrl + W	调出测头读数窗口	
11	Ctrl + M	添加移动点	
12	Ctrl + Alt +A	新建零件坐标系	
13	Ctrl + Z	把数模缩放到合适的大小	
14	Ctrl + Q	执行全部程序	
15	Ctrl + Tab	报告窗口与图形显示窗口的切换	

（二）操作实践

实训任务

（1）在手动创建坐标系后将测量模式更改为"自动模式"。

（2）设置运动参数：移动速度为 60%、触测速度为 5%、逼近距离为 5mm、回退距离为 5mm。

（3）将移动速度 60%、触测速度 5%更改为移动速度 150mm/s、触测速度 20mm/s。

（4）在测头角度由 A0B0 转向 A90B-90 前添加一个合适的移动点。

（5）在程序结束前，添加一个移动点，保证测头的安全。

 想一想

1．查一查添加移动点的方法有哪些？
_____
_____

2．简述如何修改程序运行时的运动参数。
_____
_____
_____

任务5　公差评价及检测报告输出

任务描述

程序编写好后的最终目的是要按照图纸要求进行正确的尺寸评价和输出检测报告。在本次任务中，我们将重点学习公差评价的尺寸误差评价中的特征位置、距离、角度的评价，以及正确保存与打印文本格式的检测报告。

任务要求

（1）能根据图纸的要求，正确进行尺寸的评价。

（2）能输出文本格式的检测报告。

（3）能把输出的报告按要求进行保存与打印。

任务实施

（一）相关知识

1．尺寸评价工具栏

每一个特征测量的结果都需要按照公差的要求进行输出，尺寸评价工具栏如图2-5-1所示。本节重点介绍特征位置、距离、角度三个命令。

图 2-5-1　尺寸评价工具栏

① ⊞：特征位置命令。

② ⊢⊣：距离命令。

③ ◢：角度命令。

2. 特征位置

单击图标 ⊞，打开"特征位置"对话框，如图 2-5-2 所示。

图 2-5-2 "特征位置"对话框

（1）"坐标轴"选项

"坐标轴"选项如图 2-5-3 所示，"默认"复选框用于更改默认坐标轴输出的格式。当选中"自动"复选框后，将根据特征类型的默认轴来选择在尺寸中显示的轴。但是在有些情况下，必须要更改默认设置。"坐标轴"各主要选项的含义如下。

X = 输出 X 轴的值。

Y = 输出 Y 轴的值。

Z = 输出 Z 轴的值。

直径 = 输出直径值。

半径 = 输出半径（直径的一半）值。

角度 = 输出角度值（用于锥体）。

长度 = 输出长度值（用于柱体和槽）。

高度 = 输出高度值（通常是槽的高度值，但也可能是锥体、柱体和椭圆的高度值）。

图 2-5-3 坐标轴子菜单群

矢量 = 输出矢量位置。

形状 = 随位置尺寸一起输出特征的综合形状尺寸，具体如下。

● 对于圆或柱体特征，"形状"输出圆度尺寸。

● 对于平面特征，"形状"输出平面度尺寸。

● 对于直线特征，"形状"输出直线度尺寸。

（2）"薄壁件轴"选项

"薄壁件轴"选项如图 2-5-4 所示，该选项只有在标注薄壁件特征时才可用。各选项含义如下。

T = 输出逼近矢量方向的误差（用于曲面上的点）。

S = 输出曲面矢量方向的偏差。

RT = 输出报告矢量方向的偏差。

RS = 输出曲面报告方向的偏差。

PD = 输出圆的直径。

（3）"公差"选项

"公差"选项如图 2-5-5 所示，可以选择具体的公差项目并进行数值输入。

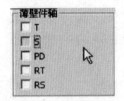

图 2-5-4　"薄壁件轴"选项

图 2-5-5　"公差"选项

（4）"ISO 公差配合"选项

"ISO 公差配合"选项用于设置内圆或外圆的公差等级，PC-DMIS 软件根据设置的参数值自动计算公差的上、下限值并填入程序窗口中相应尺寸的位置上，如图 2-5-6 所示。

图 2-5-6　"ISO 公差配合"选项

（5）"尺寸信息"选项

"尺寸信息"选项用于编辑图形显示窗口中的尺寸信息（图形显示窗口用于显示测量特征的图像，是相对于编辑窗口不可缺少的一个窗口）。"尺寸信息"选项如图 2-5-7 所示，单击"编辑"按钮，弹出"编辑默认尺寸信息"对话框，如图 2-5-8 所示，该对话框用于设置显示的尺寸内容及次序。

图 2-5-7 "尺寸信息"选项　　　　　图 2-5-8 "编辑默认尺寸信息"对话框

（6）其他选项

如图 2-5-9 所示，"单位"选项用于设置尺寸的单位。图 2-5-10 所示为"输出到："选项，用于设置尺寸输出设备，图中各选项的含义分别是统计软件 Datapage、程序的报告窗口、同时输出到两个设备、不向任何外部设备输出。图 2-5-11 所示为"分析"选项，包括"文本"和"图形"两部分，将"文本"设置为"开"，则在编辑窗口中输出测量特征的每一个实测点的偏差状态，将"图形"设置为"开"，则在图形显示窗口中显示每个实测点的偏差示意图及偏差发生位置等信息。

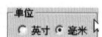
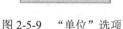

图 2-5-9 "单位"选项　　　　图 2-5-10 "输出到："选项　　　　图 2-5-11 "分析"选项

现在以测量凸圆柱的直径 $\phi 12^{+0.25}_{0}$ 为例，介绍特征位置应用的具体步骤。

① 选择当前的工作平面是"Z+"。

② 在凸圆柱上测量特征"圆 6"。

③ 打开"特征位置"对话框。

④ 在特征列表中选择"圆 6"。

⑤ 在"坐标轴"选项中去掉"自动"选项，选中"直径"选项。

⑥ 在"公差"选项中分别按图纸要求输入上公差"0.25"，下公差"0"。

⑦ 在"ISO 公差配合"选项中输入理论尺寸"12"。

⑧ 在"单位"选项中选择"毫米"。

⑨ 选择将尺寸信息输出到"两者"。

⑩ 如果要在图形显示窗口中查看尺寸信息，则在"尺寸信息"选项中选中"显示"复选框。

⑪ 在"分析"选项中选择"文本"或"图形"的"开"复选框。如选择了"图形"的"开"复选框，则在"放大倍率"文本框中输入放大倍率值。

⑫ 如果需要，选中"尺寸信息"选项中的"显示"复选框并单击"编辑"按钮，以选择在图形显示窗口中显示的尺寸信息格式。

⑬ 单击"创建"按钮，如图 2-5-12 所示。

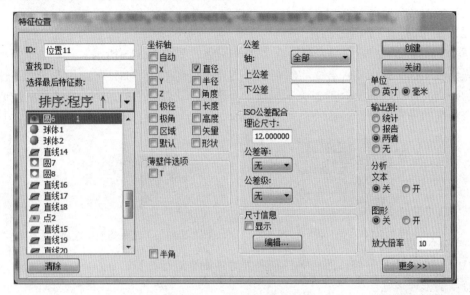

图 2-5-12　输出直径尺寸设置

3．距离

距离命令用于计算特征之间的距离，在二维距离中可以选择第一个或第二个特征作为计算中所使用的方向。与其他大多数尺寸计算相比，距离计算不太直观。二维距离的方向总是平行于工作平面。三维距离则从质心计算距离。注意到这一点将非常重要，大多数的计算错误都跟参数选择时忽略了二维或三维的判断有关。下面一一介绍"距离"对话框中各选项的含义。

单击图标 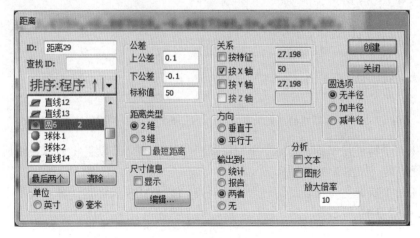，或者在主菜单中单击"插入"→"尺寸"→"距离"菜单命令，打开"距离"对话框，如图 2-5-13 所示。

图 2-5-13　"距离"对话框

（1）"公差"选项

"公差"选项允许操作者沿着正、负方向输入正、负公差带。其中距离尺寸的理论值并不都是基于 CAD 的数据或是测量数据的。有时候也可以使用"公差"选项文本框输入的理论距离，如图 2-5-14 所示。

（2）"距离类型"选项

"距离类型"有 2 维（2D）和 3 维（3D）两种，如图 2-5-15 所示。评价 2 维距离时，需要先修改工作平面，软件会先将特征的质心点投影到工作平面，再在投影平面上评价质心点的距离。评价 3 维距离时，无须更改工作平面，软件评价的是第一个特征的质心点到第二个特征的垂直距离。

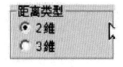

图 2-5-14　"公差"选项　　　　　　图 2-5-15　"距离类型"选项

2D 和 3D 距离尺寸将按照相关特征的处理规则来进行计算。

特征的处理规则：

● 将球体、点和特征组当作点来处理。

● 将槽、柱体、锥体、直线和圆当作直线来处理。

● 平面一般都当作平面来处理。在某些个例中，要当作点来处理，如两个平面求距离，实际上求的是第一个平面的质心到第二个平面的垂直距离。

其他规则：

● 如果两个特征都是点（如以上定义），PC-DMIS 软件将计算两点之间的最短距离。

● 如果一个特征是直线（如以上定义），而另一个特征是点，PC-DMIS 软件将计算直线（或中心线）和点之间的最短距离，如图 2-5-16 所示。

● 如果两个特征都是直线，PC-DMIS 软件将计算第二条直线的质心到第一条直线的最短距离，如图 2-5-17 所示。

图 2-5-16　点到直线的垂直距离　　　图 2-5-17　直线到直线的垂直距离

● 如果一个特征是平面，而另一个特征是直线，PC-DMIS 软件将计算直线质心和平面之间的最短距离，如图 2-5-18 所示。

● 如果一个特征是平面，而另一个特征是点，PC-DMIS 软件将计算点和平面之间的最短距离，如图 2-5-19 所示。

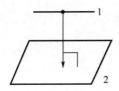

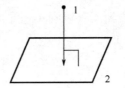

图 2-5-18　直线到平面的垂直距离　　　　图 2-5-19　点到平面的垂直距离

● 如果两个特征都是平面，PC-DMIS 软件将计算第二个平面的质心到第一个平面的最短距离，如图 2-5-20 所示。

（3）"尺寸信息"选项

"尺寸信息"选项如图 2-5-21 所示，详细内容可参考"特征位置"中对"尺寸信息"选项的介绍。

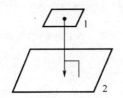

图 2-5-20　平面到平面的垂直距离　　　　图 2-5-21　"尺寸信息"选项

（4）"关系"选项

"关系"选项如图 2-5-22 所示，用于指定在两个特征之间测量的距离是垂直或平行于特定轴，还是垂直或平行于第二个所选特征。

当选择了"按特征"复选框，则"方向"选项中的"垂直于"或"平行于"选项就可以选择了。这些选项使 PC-DMIS 软件计算所选择的第一个特征和第二个特征与某个特征之间平行或垂直的距离。

例如，若在列表中仅选择了两个特征，则 PC-DMIS 软件计算的是特征 1 和特征 2 之间的平行或垂直的关系，基准为特征 2。

若在列表中选择了三个特征，则 PC-DMIS 软件计算的是特征 1 和特征 2 之间的平行或垂直于特征 3 的关系，基准为特征 3。

（5）"方向"选项

"方向"选项如图 2-5-23 所示。

图 2-5-22　"关系"选项　　　　　　　　图 2-5-23　"方向"选项

（6）"圆选项"（图 2-5-24）

在"圆选项"中，可以使用"加半径"和"减半径"选项来指示 PC-DMIS 软件在测得的总距离中加或减测定特征的半径。所加或减的数量始终是在计算距离的相同矢量上。一次只能使用一个选项。如果使用"无半径"选项，则不会将特征的半径应用到所测量的距离中。

如图 2-5-25 所示，以圆 1、圆 2 之间不同的距离来举例 "关系""方向""圆选项" 的应用，见表 2-5-1。

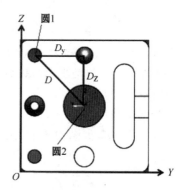

图 2-5-24　"圆选项"　　　　　　　图 2-5-25　圆选项示意图

表 2-5-1　"关系""方向""圆选项" 的应用

项目	"关系"选项	"方向"选项	"圆选项"	备　　注
D	按特征			圆 1 到圆 2 的最短距离选 "减半径"；圆 1 到圆 2 的最远距离选 "加半径"
DZ	按 Z 轴	平行于		
DY	按 Y 轴	平行于		

下面以测量凸圆柱的高度 7mm 为例，介绍距离命令应用的具体步骤。

（1）选择当前的工作平面是 "Z+"。

（2）在特征列表中选特征 "平面 2"（凸圆柱的底面）、"平面 3"（凸圆柱的顶面）进行评价。

（3）在 "上公差" 文本框中输入上公差值。

（4）在 "下公差" 文本框中输入下公差值。

（5）选择 "2 维" 选项，以指定距离类型。

（6）在 "单位" 选项中选择 "毫米"。

（7）选择将尺寸信息输出到 "两者"。

（8）选择 "按 Z 轴" 选项，以确定用于定义距离的关系。

（9）选择 "平行于" 选项。

（10）如果要在图形显示窗口中查看尺寸信息，则选中 "尺寸信息" 选项中的 "显示" 复选框。

（11）在 "分析" 选项中选择 "文本" 复选框或 "图形" 复选框。如选择了 "图形" 复选框，在 "放大倍率" 文本框中输入放大倍率值。

（12）如果需要，选中 "尺寸信息" 选项中的 "显示" 复选框并单击 "编辑" 按钮，以选择希望在图形显示窗口中显示的尺寸信息格式。

（13）单击 "创建" 按钮，如图 2-5-26 所示。

在评价高度时，一定要注意将工作平面转换成 *Y* 方向或 *X* 方向，在编辑窗口中的语句如图 2-5-27 所示。

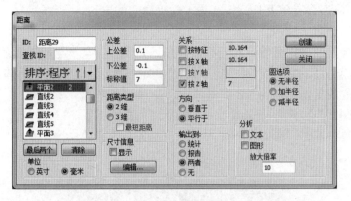

图 2-5-26   距离评价

```
            工作平面/Y正
DIM 距离29= 2D 距离平面 平面5 至 平面 平面2 平行 至     Z 轴,无半径   单位=毫米,$
图示=关  文本=关  倍率=10.00  输出=两者
AX    NOMINAL        +TOL       -TOL        MEAS        DEV      OUTTOL
M      7.000       0.100     -0.100       7.000      0.000      0.000 ----#----|
```

图 2-5-27   生成语句

4．角度

角度功能用于计算两个特征的夹角，或者一个特征与某个坐标轴之间的夹角，在计算时，PC-DMIS 软件将利用所选特征的矢量计算特征间的夹角。如果 PC-DMIS 软件所报告的角度不在正确的象限中（如需要 0.0，而不是 180.0），只需在编辑窗口中输入正确的标称角度即可。PC-DMIS 软件将自动转换象限，使其匹配标称角度。"角度"对话框如图 2-5-28 所示，下面具体介绍各选项的含义。

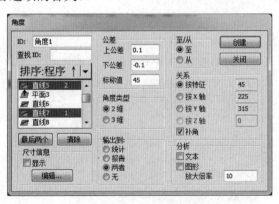

图 2-5-28   "角度"对话框

（1）"公差"选项

上公差：用户设定评价特征的上公差。

下公差：用户设定评价特征的下公差。

理论值：输入所要评价特征的理论夹角。

（2）"角度类型"选项

"角度类型"选项用于选择二维（2D）或三维（3D）夹角。二维夹角用于计算两个特征的夹角投影到当前工作平面上的夹角。三维夹角用于计算两个特征在三维空间的夹角。若只选一个特征，那么夹角就是此特征与工作平面间的夹角。

（3）"关系"选项

"关系"选项用于确定是特征和特征的夹角还是特征和某一坐标轴间的夹角。

下面以测量斜方块的定位尺寸45°为例，介绍角度命令应用的具体步骤。

① 选择当前的工作平面为"Z+"。

② 测量如图2-5-29所示两条直线："直线5""直线7"。

③ 在主菜单中单击"插入"→"尺寸"→"夹角"菜单命令，打开"角度"对话框，如图2-5-30所示。

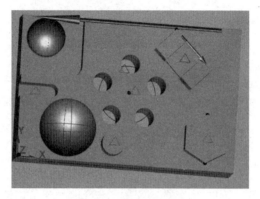

图 2-5-29　被测特征选择

④ 在特征列表中选择的"直线5""直线7"。

⑤ 在"角度类型"选项中选择"2维"。

⑥ 在"关系"选项中选择"按特征"。

⑦ 在"上公差""下公差"文本框中输入上、下公差："0.1""－0.1"。

⑧ 单击"创建"按钮，如图2-5-30所示。

【注意】在评价角度时，所选特征的顺序及矢量方向决定了计算的角度及其正负。

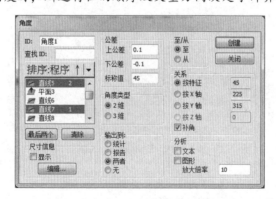

图 2-5-30　"角度"对话框

5．报告的生成及输出

（1）报告模板

报告模板是对报告的一种描述形式。报告模板描述了 PC-DMIS 软件使用什么数据创建报告，以及数据的表现形式。软件自带了 6 种标准报告模板，一种报告模板可用于多个零件程序。用户还可以在报告模板编辑器内创建自己的模板。报告模板的后缀名为.rtp。

报告模板工具栏如图 2-5-31 所示。

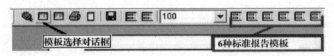

图 2-5-31　报告模板工具栏

（2）报告的保存和打印

① 建立坐标系，测量特征。

② 单击"编辑"→"参数设置"→"参数"菜单命令（或直接按【F10】键），如图 2-5-32 所示，打开"参数设置"对话框。

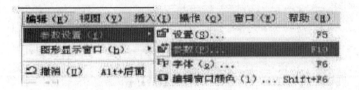

图 2-5-32　"参数"菜单命令

③ 根据需要，选择尺寸的显示内容及顺序，如图 2-5-33 所示，设置完成后单击"确定"按钮关闭对话框。

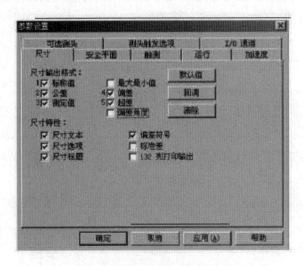

图 2-5-33　尺寸显示内容设置

④ 评价尺寸。

⑤ 刷新报告窗口，在报告窗口底部，单击鼠标右键，在打开的快捷菜单中选择"编辑"选项，如图 2-5-34 所示。

⑥ 弹出"报告"对话框，根据需要设置报告显示内容，如图 2-5-35 所示。

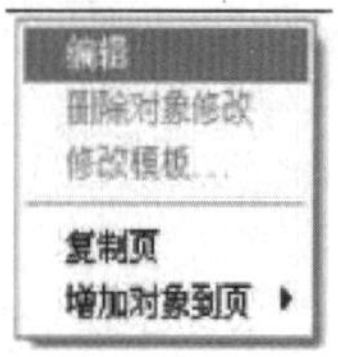

图 2-5-34 编辑报告

图 2-5-35 设置报告显示内容

可以选中"使用文本格式尺寸报告"复选框，出现如图 2-5-36 所示的窗口。通过选择报告模板工具栏上的模板，可以将报告显示成文本报告。

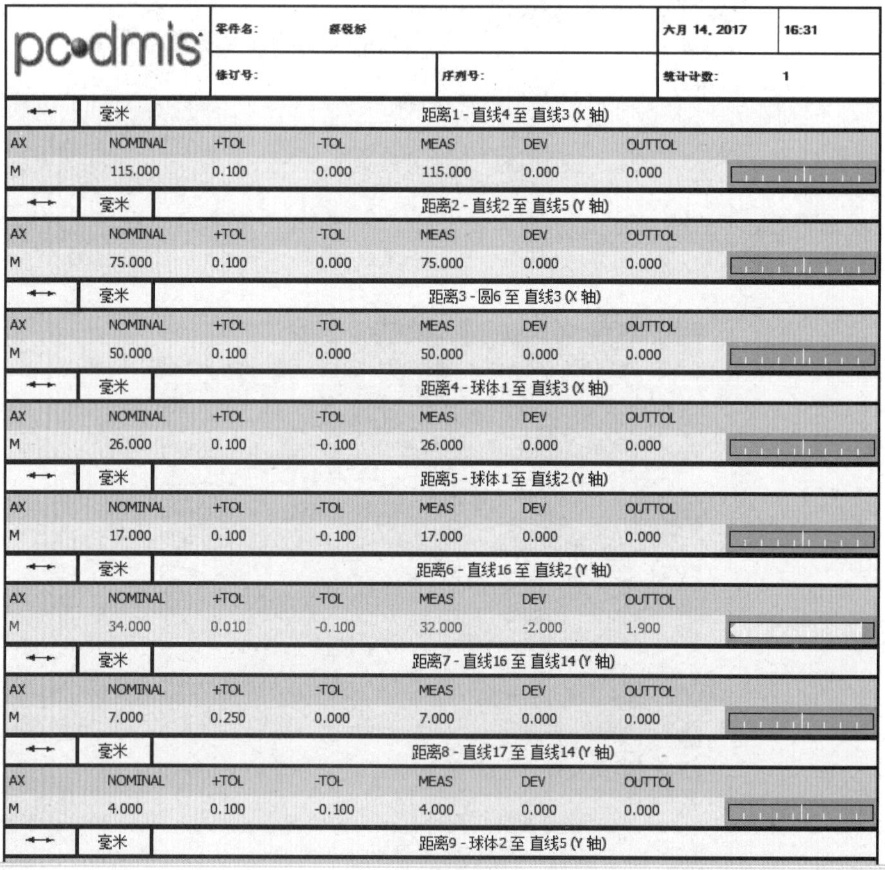

pc·dmis	零件名:		蔡锐标		大月 14, 2017		16:31
	修订号:			序列号:		统计计数:	1
←→	毫米			距离1 - 直线4 至 直线3 (X 轴)			
AX	NOMINAL	+TOL	-TOL	MEAS	DEV	OUTTOL	
M	115.000	0.100	0.000	115.000	0.000	0.000	
←→	毫米			距离2 - 直线2 至 直线5 (Y 轴)			
AX	NOMINAL	+TOL	-TOL	MEAS	DEV	OUTTOL	
M	75.000	0.100	0.000	75.000	0.000	0.000	
←→	毫米			距离3 - 圆6 至 直线3 (X 轴)			
AX	NOMINAL	+TOL	-TOL	MEAS	DEV	OUTTOL	
M	50.000	0.100	0.000	50.000	0.000	0.000	
←→	毫米			距离4 - 球体1 至 直线3 (X 轴)			
AX	NOMINAL	+TOL	-TOL	MEAS	DEV	OUTTOL	
M	26.000	0.100	-0.100	26.000	0.000	0.000	
←→	毫米			距离5 - 球体1 至 直线2 (Y 轴)			
AX	NOMINAL	+TOL	-TOL	MEAS	DEV	OUTTOL	
M	17.000	0.100	-0.100	17.000	0.000	0.000	
←→	毫米			距离6 - 直线16 至 直线2 (Y 轴)			
AX	NOMINAL	+TOL	-TOL	MEAS	DEV	OUTTOL	
M	34.000	0.010	-0.100	32.000	-2.000	1.900	
←→	毫米			距离7 - 直线16 至 直线14 (Y 轴)			
AX	NOMINAL	+TOL	-TOL	MEAS	DEV	OUTTOL	
M	7.000	0.250	0.000	7.000	0.000	0.000	
←→	毫米			距离8 - 直线17 至 直线14 (Y 轴)			
AX	NOMINAL	+TOL	-TOL	MEAS	DEV	OUTTOL	
M	4.000	0.100	-0.100	4.000	0.000	0.000	
←→	毫米			距离9 - 球体2 至 直线5 (Y 轴)			

图 2-5-36 文本格式尺寸报告版式

⑦ 单击"文件"→"打印"→"报告打印设置"菜单命令，如图 2-5-37 所示。

⑧ 单击"文件"→"打印"→"编辑窗口打印"菜单命令，如图 2-5-38 所示，设置"报告输出"参数，指定报告的存储位置（如果选择了打印机，则报告将被打印出来）。

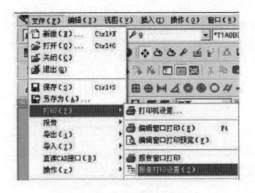

图 2-5-37　报告打印设置

图 2-5-38　报告输出项设置

（二）操作实践

实训任务

（1）按图纸要求测量凸圆柱的直径 $\phi 12^{+0.25}_{0}$ mm、测量 5 个小圆的直径 $5 \times \phi 10$ mm、测量分度圆的直径 $\phi 30$ mm、测量凹球的半径 $SR15$ mm。

（2）按图纸要求测量凸圆柱的高度 7mm、定位尺寸 10mm、$\phi 50^{+0.25}_{0}$ mm，测量六棱柱的定位尺寸 16mm、16mm，测量斜方块的定位尺寸 35mm、3.5mm。

（3）按图纸要求测量测量斜方块的定位尺寸 45°。

（4）测量结束后，输出文本格式的检测报告，并以"简单箱体类零件"为文件名，将检测报告保存到计算机桌面。

想一想

1. 简答题。

（1）测量误差评价的目的是什么？

_____

_____

_____

（2）PC-DMIS 软件包括哪几项误差评价？

_____

_____

_____

（3）报告输出形式有几种？

_____

_____

_____

2．选择题。

使用三坐标测量机软件编程时，下列说法错误的是（　　）。

A．手动方式测量圆时，不需要考虑工作平面

B．构造二维直线时要选择正确的工作平面

C．评价二维距离和夹角时要选择正确的工作平面

D．测量二维特征时要考虑正确的工作平面

项目三

轴类零件的自动测量

在项目二中，我们学习了简单箱体类零件的手动测量，完成了测头的选择及校验、3-2-1法零件坐标系的建立、手动测量特征、测量程序运行时的参数设置、尺寸误差的评价和测量报告的保存与打印等任务，基本了解了一个完整测量程序的编制步骤。现在我们需要通过完成项目三的任务，学习轴类零件的自动测量相关知识。

● 项目描述 ●

学校数控系产学研组接到一批企业产品订单，零件图如图 3-1 所示，数量为 500 件，现零件产品已加工完成，应企业要求，需提供由三坐标检测的产品检验出货报告，请根据以上要求，制订出完整的检测方案，完成产品的检验出货报告。

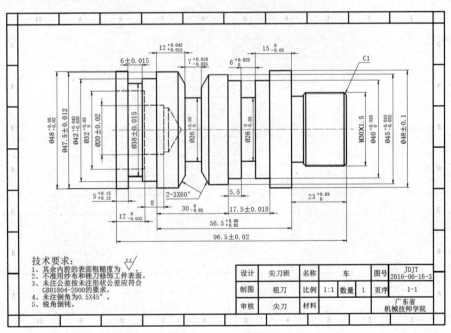

图 3-1　产品零件图

● 项目分析 ●

制订检测方案。

（一）查看分析图纸

1. 确定检测的尺寸

确定检测的尺寸，尺寸检测表如表 3-1 所示。

表 3-1 尺寸检测表

序　号	尺寸类型	公称尺寸	上偏差	下偏差	备　注
1	外圆	$\phi 48$	+0.05	+0.02	
2		$\phi 47.5$	+0.012	−0.012	
3		$\phi 45$	−0.01	−0.032	
4		$\phi 48$	+0.01	−0.01	
5		$\phi 30$	0	−0.02	
6	槽	$\phi 42$	+0.042	+0.02	
7		$\phi 38$	+0.015	−0.015	
8		$\phi 26$	+0.03	0	
9		$\phi 26$	0	−0.03	
10		$\phi 26$	+0.02	−0.02	
11		$\phi 40$	+0.025	0	
12	长度	96.5	+0.02	−0.02	
13		5	+0.15	+0.13	
14		6	+0.015	−0.015	
15		12	+0.042	+0.015	
16		7	−0.01	−0.035	
17		30	0	−0.03	
18		17.5	+0.018	−0.018	
19		6	+0.025	0	
20		15	0	−0.03	
21		56.5	+0.06	+0.02	
22		23	+0.03	0	
23	内孔	$\phi 32$	+0.03	0	
24		$\phi 20$	+0.02	−0.02	
25	孔深	12	0	−0.032	
26	圆锥角	120°			
27	形位公差	圆度			
28		圆柱度			
29		端面圆跳动			
30		同轴度			
31	未注公差	8			不做检测要求
32		5.5			
33		5			
34		$C1$			

2. 选择合适的装夹和摆放位置

根据零件的形状和被测尺寸要素进行分析，零件的形状为回转体，且材质为 45#钢，可选用吸铁块进行装夹，被测尺寸要素中有形位公差尺寸要求，故应在一次装夹中完成检测任务。综合以上分析，应将零件横向摆放为宜，如图 3-2 所示。

图 3-2　零件在测量机上的装夹和摆放位置

3. 选择合适的测针配置及测头角度

根据待测零件的实际状态选择合适的测针，在能够满足测量条件的情况下尽可能选用较大测球直径的测针，再综合零件的摆放位置，合理选用测针及测头角度。

测针配置：3BY20mm；

测头角度：A0B0、A90B-90。

（二）测量规划

（1）新建零件程序、加载测头文件。

（2）导入零件的 CAD 模型（对 CAD 模型进行相关操作）。

（3）建立零件坐标系（利用找正公共轴线的方法进行坐标系的建立）。

（4）测量零件的几何特征（使用自动测量特征及构造特征方法进行测量）。

① 在测头角度为 A0B0 的状态下，测量外圆和槽的直径、长度尺寸及圆锥角度。

② 在测头角度为 A90B-90 的状态下，测量内孔直径和深度尺寸。

（5）生成测量路径，对程序进行碰撞检测，检验程序的正确性。

（6）尺寸相关评价（评价表的相关尺寸，重点：圆度、圆柱度、同轴度和跳动公差的评价）。

（7）输出检测报告。

● **项目实施** ●

任务1　CAD 模型的相关操作

任务描述

如图 3-1-1 所示为学校数控系产学研组提供的产品零件的 CAD 模型，现需要将模型导入 PC-DMIS 软件中，利用模型与零件的坐标系的拟合操作进行自动测量。

图 3-1-1　产品零件的 CAD 模型

 任务要求

（1）能够将零件的 CAD 模型导入 PC-DMIS 软件。
（2）能够对 CAD 模型进行相关处理。
（3）能够对 CAD 模型的坐标系进行平移和旋转。
（4）能够在 CAD 模型上进行手动取点。

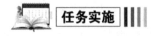 任务实施

（一）相关知识

1．导入 CAD 模型

PC-DMIS 软件对导入 CAD 模型的数据文件提供了多种文件类型：igs/iges、dxf/xwg、step、UG 转换器、Pro/E 转换器、CAD 等。本文主要针对 igs 格式的模型进行介绍。

单击"文件"→"导入"菜单命令，弹出"打开"对话框，如图 3-1-2 所示。

图 3-1-2　CAD 模型导入图

① 选择要导入的 CAD 模型的文件类型"iges"。
② 在"查找范围"下拉菜单中选择要导入文件所在的盘符，如"F 盘"，并在当前盘

符的目录下查找到文件存放的位置。

③ 选择要导入模型的名称，如"bsblockm.igs"，单击"导入"按钮。

④ 单击"处理"按钮，确定导入，如图 3-1-3 所示为导入的 CAD 模型图。

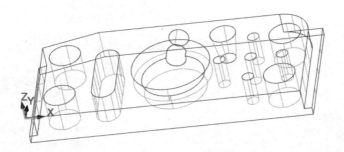

图 3-1-3　导入的 CAD 模型图

2．CAD 模型的处理

（1）模型实体化

当 CAD 模型导入之后，模型有可能是线框模式，这时应对模型进行实体化，具体操作步骤如下。

① 单击"编辑"→"图形显示窗口"→"视图设置"菜单命令，或在工具栏中单击"视图设置"图标，打开"视图设置"对话框，如图 3-1-4 所示。

② 选中导入的 CAD 模型的所有层，勾选"实体"复选框，单击"应用"和"确定"按钮。此时，CAD 模型就被实体化了，如图 3-1-5 所示。

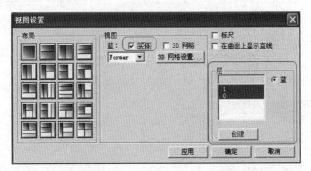

图 3-1-4　"视图设置"对话框

图 3-1-5　CAD 模型实体化

此外，还可以通过图形视图工具栏中的"切换模型的实体模式和线框模式"图标，改变 CAD 模型的图形模式，如图 3-1-6 所示。

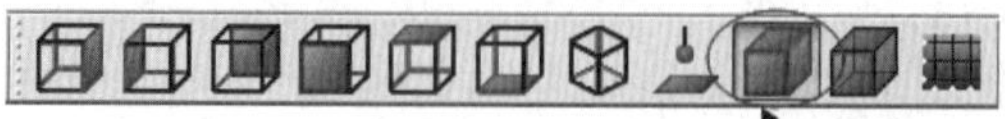

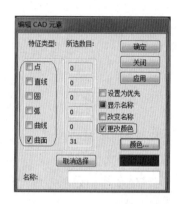

按下此图标为实体模式，
未按下为线框模式

图 3-1-6　实体模式和现况模式的切换

（2）更改 CAD 模型的颜色

可根据实际情况对 CAD 模型的颜色进行更改，以便在模型上采点测量时观看得更加清晰。

更改 CAD 模型的颜色，具体操作步骤如下。

① 单击"编辑"→"图形显示窗口"→"CAD 元素"菜单命令，弹出"编辑 CAD 元素"对话框，如图 3-1-7 所示。

② 选择需要更改颜色的特征类型，勾选"更改颜色"复选框；单击"颜色"按钮，选择修改的颜色后，单击"确定"按钮。

③ 按住鼠标左键在图形显示窗口中框选 CAD 模型，依次单击"应用"和"确定"按钮。

图 3-1-7　"编辑 CAD 元素"对话框

3. CAD 模型坐标系的转换

如果希望模型坐标系与零件坐标系的位置方向一致，可以对模型坐标系进行相关转换。

（1）CAD 模型坐标系的平移

CAD 模型坐标系平移的具体操作步骤如下。

① 单击"操作"→"图形显示窗口"→"转换"菜单命令，打开"CAD 转换"对话框，如图 3-1-8 所示。

（a）"CAD 转换"对话框

（b）直接输入平移后的坐标系原点的坐标

图 3-1-8　CAD 模型坐标系的转换

② 在"转换"选项中，单击"选择"按钮后，在 CAD 模型上选择平移后的坐标系的原点位置。

例如，现需要将坐标系移到零件的中间孔圆心位置，可直接用鼠标单击 CAD 模型上的圆即可，如图 3-1-9 所示。也可直接在"转换"选项中输入平移后的坐标系原点的坐标。

图 3-1-9　直接选取平移坐标系原点

③ 依次单击"应用"和"确定"按钮，就可以看到坐标系平移后的效果，如图 3-1-10 所示。

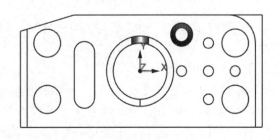

图 3-1-10　坐标系平移后的效果

（2）CAD 模型坐标系的旋转

CAD 模型坐标系旋转的具体操作步骤如下。

① 单击"操作"→"图形显示窗口"→"转换"菜单命令，打开"CAD 转换"对话框。

② 选择围绕坐标系旋转的轴向，输入旋转角度。

例如，如图 3-1-11 所示，坐标系的 Y 轴轴向正确，X、Z 轴轴向不正确，需要将 X、Z 轴围绕 Y 轴进行顺时针旋转 90°，如图 3-1-12 所示。

③ 依次单击"应用"和"确定"按钮，就可以看到坐标系旋转后的效果。

图 3-1-11　坐标系旋转前的模型

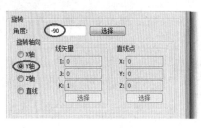

图 3-1-12　坐标系的旋转

4．在 CAD 模型上手动采点

在 CAD 模型辅助测量的过程中，经常把"程序模式"和"自动特征"结合起来使用。在模型上手动采点时需要在"程序模式"下进行，具体操作步骤如下。

① 在"曲线模式"状态下，切换到"程序模式"，如图 3-1-13 所示。

曲线模式　　　　　程序模式

图 3-1-13　程序模式

② 在 CAD 模型上单击鼠标左键采点，此步骤与使用操纵盒在零件上采点得到的测量程序是一样的。

③ 按键盘上的【End】键结束采点。

【举例】当你在模型上采了 1 个点后按【End】键，在编辑窗口会弹出一个"点"的特征；当在模型上采了 2 个点后按【End】键，会出现一个"直线"的特征。由此可以看出，在模型上采了什么特征的点，按【End】键后，就会生成所采元素的特征，这样就实现了在 CAD 模型上的手动测量。

【提问】在采点的过程中如果出现采点错误，即所采的点不是自己想测的点时应该怎么办呢？

【回答】使用快捷键【Alt＋-】删除测点。

（二）操作实践

实训任务

（1）新建一个程序文档。

（2）加载测头文件：测针 3BY20mm；添加测头角度：A0B0、A90B-90。

（3）校验测头。

（4）将存放在"F 盘"中的 CAD 模型文件"轴类零件.igs"导入文档中。

（5）将 CAD 模型进行实体化。

（6）将 CAD 模型的颜色更改为灰色。

（7）将 CAD 模型的坐标系转换到零件的左端直径为 48mm 的外圆圆心上。

（8）利用 CAD 模型进行手动测量点、线、面、圆、圆柱、圆锥。

想一想

1．简述如何将图 3-1-14 所示的模型坐标系转换为图 3-1-15 所示的坐标系。

图 3-1-14　坐标系转换前

图 3-1-15　坐标系转换后

2. 在 CAD 模型上手动测量特征时，应注意哪些事项？

任务 2　零件坐标系的建立

 任务描述

如图 3-2-1 所示为学校数控系产学研组与企业合作所加工的产品零件图，请结合图纸信息和实际测量情况，确定该零件的坐标系位置。

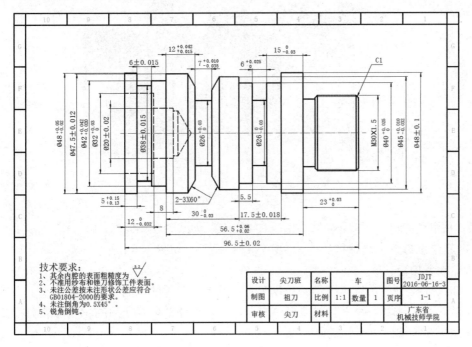

图 3-2-1　产品零件图

任务要求

（1）能够正确识图，对图样进行分析。
（2）合理选择零件的装夹、测针配置和测头角度。
（3）能够确定轴类零件的坐标系。
（4）利用构造特征辅助建立坐标系。

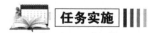

任务实施

（一）相关知识

1. 轴类零件的坐标系建立

在学习建立坐标系的相关知识点时，讲到了建立坐标系的三个步骤：零件找正，旋转轴和设置原点。在箱体类零件的应用中常用到面-线-点的方法进行坐标系的建立，而轴类零件只需要找正轴线的方向和原点的位置，不需要锁定旋转的方向，因为在轴类零件中沿圆周 360°范围内任意一个方向都可以作为锁定旋转的方向。

（1）找正轴线

① 如图 3-2-2 所示，测量出两个基准圆柱，获得基准 A 和基准 B。

如图 3-2-1 所示，轴类零件在图纸上通常会标注两个圆柱的轴线为两个基准，如基准 A 和基准 B，在标注形位公差时又会以两个基准的公共轴线 A—B 作为评价基准。而我们在建立坐标系时通常也是用基准 A 和基准 B 构造的公共轴线作为找正的第一基准。

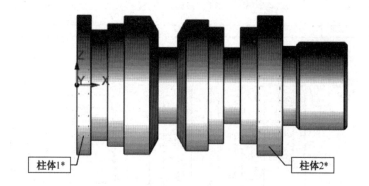

图 3-2-2　测量两基准圆柱

② 利用最佳拟合"3 维线"构造出公共轴线，如图 3-2-3 所示。
③ 新建坐标系，选择构造的公共轴线进行找正，如图 3-2-4 所示。

（2）设置原点

在加工过程中，尤其在需要调头装夹的情况下，零件的端面与轴线避免不了会出现垂直度误差。考虑到以上因素，轴类零件的坐标系原点通常取找正后的轴线与端面的交点，不直接使用测量端面所得到的质心点。

① 如图 3-2-5 所示，测量出一个平面，平面为零件的左端面。
② 利用公共轴线与平面构造出一个交点，如图 3-2-6 所示。

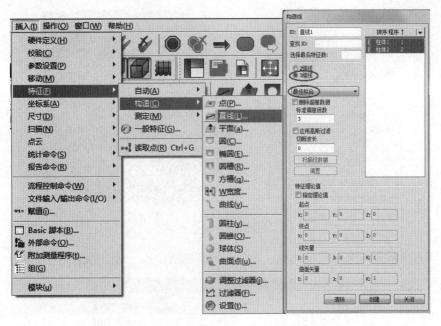

图 3-2-3　构造公共轴线

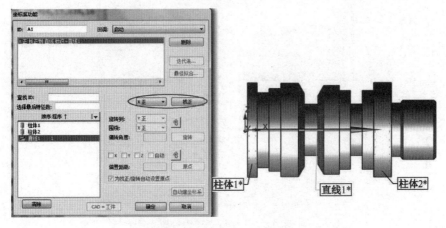

图 3-2-4　找正公共轴线

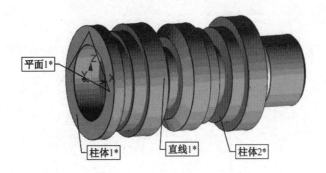

图 3-2-5　测量平面

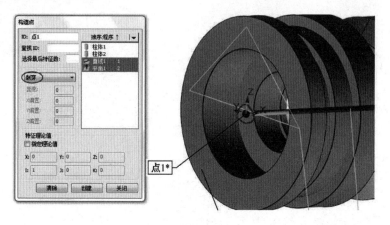

图 3-2-6　构造点

③ 新建坐标系，选择构造的点，设置为原点的 X、Y、Z 值，如图 3-2-7 所示。

图 3-2-7　坐标系原点设置

2．构造线

（1）最佳拟合

如图 3-2-8 所示，构造一条过圆 1 和圆 2 两个圆心的连线，具体操作步骤如下。

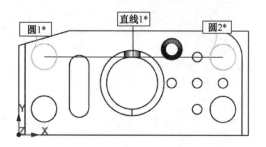

图 3-2-8　构造直线示意图

① 用前面讲过的方法测量圆 1 和圆 2。

② 打开"构造线"对话框，在特征列表中选择"圆 1"和"圆 2"，在构造方法中选择"2 维线""最佳拟合"。

③ 单击"创建"按钮，如图 3-2-9 所示。

图 3-2-9　构造最佳拟合 2 维线

【注意】

① "最佳拟合"和"最佳拟合重新补偿"用于构造两个或两个以上的特征之间的连线。

② "最佳拟合"和"最佳拟合重新补偿"的区别：最佳拟合是在已经拟合过的两个或两个以上特征之间进行连线，构造出另一个独立的特征；最佳拟合重新补偿是将两个或两个以上的点进行拟合，构造出一个特征。

③ 如图 3-2-10 所示，"2 维线"和"3 维线"的区别：2 维线是特指平行于当前工作平面的直线，3 维线是指在工作平面空间中的一条直线。2 维线和 3 维线只适用于最佳拟合和最佳拟合重新补偿两种构造方法。

(a) 构造 2 维线　　　　　　　　　　(b) 构造 3 维线

图 3-2-10　构造 2 维线和 3 维线的区别

（2）构造垂直线

如图 3-2-11 所示，构造一条过圆 3 的圆心，且垂直相交于直线 1（圆 1 圆 2 两圆圆心的连线）的直线，具体操作步骤如下。

① 用前面讲过的方法测量圆 1、圆 2、圆 3 及构造直线 1。

② 打开"构造线"对话框，在特征列表中依次选择"直线 1"和"圆 3"，在构造方法中选择"垂直"，如图 3-2-12 所示。

③ 单击"创建"按钮。

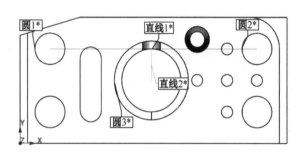

图 3-2-11　构造垂直线示意图

图 3-2-12　构造垂直线

【注意】 使用此方法时应注意选择特征的顺序，用这种方法构造出的是一条通过第二个特征的质心点且垂直于第一个特征的直线。

（3）构造中分线

如图 3-2-13 所示，构造出直线 1 与直线 2 的中分线直线 3，具体操作步骤如下。

① 测量直线 1 和直线 2。

② 打开"构造线"对话框，在特征列表中选择"直线 1"和"直线 2"，在构造方法中选择"中分"，如图 3-2-14 所示。

③ 单击"创建"按钮。

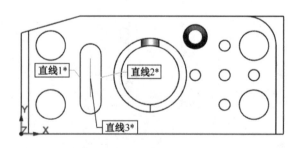

图 3-2-13　构造中分线示意图

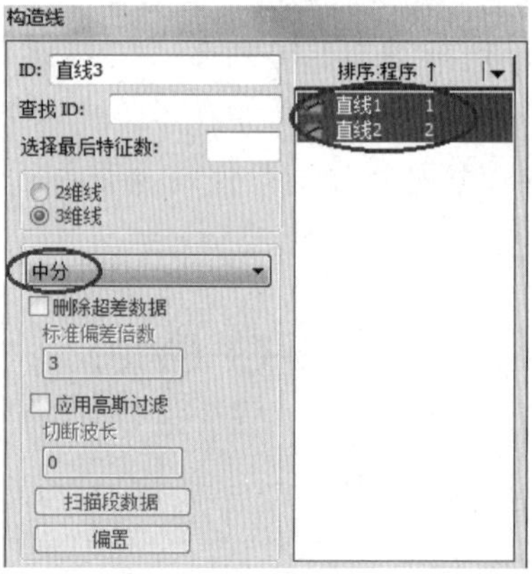

图 3-2-14　构造中分线

构造直线小结见表 3-2-1。

表 3-2-1　构造直线小结

构造直线的方法	输入特征数	特征 1	特征 2	注　释
坐标系	0	—	—	构造通过坐标系原点的直线
最佳拟合	≥2	—	—	使用输入来构造最佳拟合直线

续表

构造直线的方法	输入特征数	特征 1	特征 2	注　释
最佳拟合重新补偿	≥2（其中一个必须是点）	—	—	使用输入来构造最佳拟合直线
套用	1	任意	—	在输入特征的质心构造直线
相交	2	平面	平面	在两个平面的相交处构造直线
中分	2	直线、锥体、柱体、槽	直线、锥体、柱体、槽	在输入特征之间构造中线
平行	2	任意	任意	构造平行于第一个特征，且通过第二个特征的直线
垂直	2	任意	任意	构造垂直于第一个特征，且通过第二个特征的直线
投影	1 或 2		平面	使用一个输入特征将直线投影到特征 2 或工作平面上
翻转	1	直线	—	利用翻转矢量构造通过输入特征的直线
扫描段	1	扫描	—	由开放路径或闭合路径扫描的一部分构造直线
偏置	≥2	任意	任意	构造一条相对于输入特征具有制定偏移量的直线

3．构造面

（1）最佳拟合重新补偿

如图 3-2-15 所示，构造出由点 1、点 2、点 3、点 4 构成的平面 1，具体操作步骤如下。

① 测量点 1、点 2、点 3 和点 4。

② 打开"构造平面"对话框，在构造方法中选择"最佳拟合重新补偿"，在特征列表中依次选择"点 1""点 2""点 3""点 4"，如图 3-2-16 所示。

③ 单击"创建"按钮。

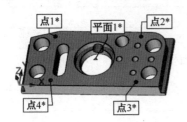

图 3-2-15　构造最佳拟合重新补偿平面示意图

图 3-2-16　"构造平面"对话框

构造平面与构造直线的方法近似，只是在选择特征种类时稍有差别，构造平面小结见表 3-2-2。

表 3-2-2　构造平面小结

构造平面的方法	输入特征数	特征 1	特征 2	特征 3	注　释
坐标系	0	—	—	—	在坐标系原点处构造平面
最佳拟合	≥3	—	—	—	利用输入特征构造最佳拟合平面
最佳拟合重新补偿	≥3（其中一个必须是点）	—	—	—	利用输入特征构造最佳拟合平面
套用	1	任意	—	—	在输入特征的质心构造平面
中分面	2	任意	任意	—	在输入的质心之间构造中分面
垂直	2	任意	任意	—	构造垂直于第一特征，且通过第二个特征的平面
平行	2	任意	任意	—	构造平行于第一特征，且通过第二个特征的平面
翻转	1	平面	—	—	利用翻转矢量构造通过输入特征的平面
高点	1 个特征组（至少使用 3 个特征）或者 1 个扫描	如果输入为特征组，则使用任意特征；如果输入为扫描，则使用片区扫描			利用最高的可用点来构造平面
偏置	≥3	任意	任意	任意	构造偏置于每个输入特征的平面

（二）操作实践

实训任务

（1）利用两圆柱构造公共轴线。

（2）采点构造最佳拟合重新补偿平面。

（3）构造直线与平面的交点。

（4）建立轴类零件的坐标系。

💡 想一想

1．简述建立轴类零件与箱体类零件的坐标系的方法。

_____

_____

2．写出如何利用找正公共轴线法建立轴类零件的坐标系。

_____

_____

_____

_____

3. 思考一下，建立轴类零件坐标系时，除了找正公共轴线法以外，还可以用什么方法？

_____

_____

4. 想一想，写出构造命令中最佳拟合与最佳拟合重新补偿的区别。

_____

_____

_____

5. 简述构造命令中，相交与刺穿的区别与应用。

_____

_____

_____

任务 3　程序的编写（自动测量）

 任务描述

PC-DMIS 软件对于特征的测量有两种模式，分别是手动模式和 DCC 模式（自动模式），现在企业要求我们在 DCC 模式下完成零件的测量。

 任务要求

（1）能够说出手动模式与 DCC 模式的区别。
（2）能够说出"自动特征"对话框中各参数的含义。
（3）能够正确设置"自动特征"对话框中的参数。
（4）能够说出设置安全平面中经过平面的意义。
（5）能够正确转换测头。

 任务实施

（一）相关知识

1. 自动测量圆

自动测量圆用于测量指定截面上的内圆或外圆。

单击"插入"→"特征"→"自动"（快捷键【Ctrl+F】）→"圆"菜单命令，如图 3-3-1 所示，弹出"自动特征"对话框，如图 3-3-2 所示。

（1）测量参数
① 特征属性。
● 中心：显示特征位置 X、Y、Z 轴坐标的标称值，即所要测量的圆的理论圆心位置的

坐标值。

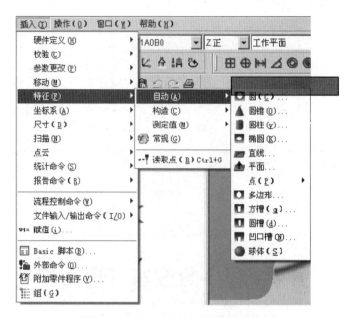

图 3-3-1　自动测量圆菜单命令

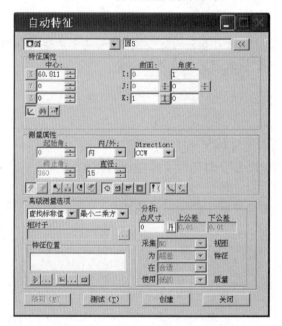

图 3-3-2　"自动特征"对话框

- 坐标切换：用于在直角坐标系和极坐标系之间的切换。
- 查找：根据"X、Y、Z"文本框中的值，查找 CAD 模型上最接近的特征位置。
- 从 CMM 上读取点：使用 CMM 读取测头当前位置作为矢量点的理论值。
- 曲面：自动测点时的逼近矢量，即为显示特征的投影平面。例如，在 $Z+$ 平面上有一个开口朝上的直孔，那么它的曲面参数应设置为 I：0、J：0、K：1。
- 角度：定义绕法线矢量的 0 度位置，即为测量特征的起始点位置的矢量方向。例如，在 Z+ 平面上测量一个圆，测量的起始点从圆的 X+ 方向开始测量，那么它的角度参数应设置为 I: 1、J: 0、K: 0。

- ⬦ 翻转矢量：用于翻转矢量的方向。
- ⬦ 料厚补偿：用于补偿钣金件测量中实际零件的厚度。单击该按钮后，会显示料厚输入框 [理论值]，选择料厚补偿的方式和并输入料厚。

② 测量属性。

- 起始角和终止角：测量圆的起始角度和终止角度。起始角和终止角的定义是以角度参数为准来进行计算的。
- 内/外：用于设定测量的圆是内圆还是外圆。
- 直径：用于输入测量圆的直径。
- Direction（方向）：控制测点的方向。CCW 表示按逆时针测量，CW 表示按顺时针测量。
- "测量属性"选项中各图标的含义见表 3-3-1。

表 3-3-1　"测量属性"选项中各图标的含义

图标	描　述	备　注
	测量开关：选中此项后，单击"创建"按钮，开始进行特征的测量，否则只生成程序	
	重测开关：选中此项后，将在第一次测量的基础上再测量一遍	
	自动匹配测量角度：PC-DMIS 软件将选择与特征最佳逼近方向最接近的测头位置。如果 PC-DMIS 软件可以找到处于测座角度公差以内的校验测尖，将使用这些测尖代替未校验测尖，以便获得更接近的角度匹配值	
	安全平面开关：选中此项后，PC-DMIS 软件将在第一个自动触测前插入一个"安全平面移动"命令（相对于当前坐标系统和零件原点）。当测量完特征上的最后一个测点后，测头将停留在测头深度处，直至被调用测量下一个特征。使用安全平面可减少需定义的中间移动，因而能减少编程时间	在 DCC 模式下有效，并且已定义安全平面
	圆弧移动开关：选中此项后，在测量时，测头移动轨迹为圆弧	仅适用于圆、圆柱、圆锥，对球是默认的
	显示触测位置开关：选中此项后，显示触测点	
	法向视图开关：沿着法向矢量方向显示图形	在 DCC 模式下有效
	水平视图开关：沿着与法向矢量方向垂直的方向显示图形	在 DCC 模式下有效
	测头工具栏开关：选中此项后，将显示测头工具栏	
	显示测量点开关	仅对测量过的特征有效

③ 测头工具栏。

- ⬦：用于设置特征的测量点数、深度、螺距等，如图 3-3-3 所示。

图 3-3-3　测量参数

对于孔的测量深度的计算是由孔的上平面向下进行计算的；对于外圆的测量深度的计算是由底部向顶部进行计算的，如图 3-3-4 所示。

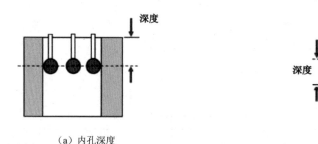

（a）内孔深度　　　　　　　　　　　　　　　（b）外圆深度

图 3-3-4　圆特征深度计算示意图

● 样例点：用来测量圆的投影面。选中之后显示样例点输入框，可以设置样例点数目，以及样例点到圆周的距离，如图 3-3-5 所示。

图 3-3-5　样例点的设置

样例点参数设置一般应用在测量特征的投影面不是直面，而是斜面的情况下。

● 自动安全距离：定义 PC-DMIS 软件在采样例点前或特征测量完毕后是否产生自动移动，如果设置了自动移动，在测量前和测量后测头将沿着被测特征矢量方向移动而不需要指定安全平面。如果没有设置，PC-DMIS 软件将直接进行测量。在下拉菜单中有"否""两者""前""后" 4 个选项，如图 3-3-6 所示。

图 3-3-6　自动安全距离设置

"距离"文本框允许输入在采集样例点前和测量完特征后测头沿被测特征矢量方向移动的距离值。只有设置了自动移动后才能输入该值。

"两者"——PC-DMIS 软件可以在测量特征前和测量特征后将测头沿被测量特征矢量方向自动移动"距离"文本框中设定的距离。

"前"——PC-DMIS 软件可以在测量特征前将测头沿被测量特征矢量方向自动移动"距离"文本框中设定的距离。

"后"——PC-DMIS 软件可以在测量特征后将测头沿被测量特征矢量方向自动移动"距离"文本框中设定的距离。

"否"——PC-DMIS 软件将直接进行测量。

④ 测试。

"测试"功能用于在创建测量程序之前测试所用参数是否合适。

⑤ 创建。

选择测量后,单击"创建"按钮,开始进行零件特征的测量,不选择测量,单击"创建"按钮,仅生成测量程序。

(2)自动测量圆示例

自动测量一个圆心坐标为 $X = 93.5$,$Y = 80.5$,$Z = 0$,曲面矢量方向为(0,0,1),角度矢量方向为(1,0,0),直径为 15mm,测量点数为 4 点,测量深度为 2mm,样例点为 3 点,间隙为 2mm,自动安全距离为"两者",距离为 20mm 的内圆,如图 3-3-7 和图 3-3-8 所示。

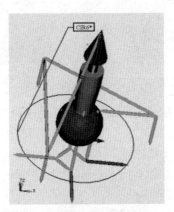

图 3-3-7　自动测量圆路径示意图

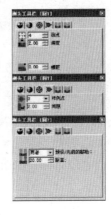

图 3-3-8　自动测量圆参数设置

2．自动测量圆柱

自动测量圆柱用于测量孔或轴，至少测量 2 层圆截面。

单击"插入"→"特征"→"自动"→"圆柱"菜单命令，打开的对话框如图 3-3-9 所示。

（1）测量参数

● 长度：用于定义圆柱的总长度。

● 使用理论值：检测时使用理论数据。

● 测头工具栏参数设置如图 3-3-10 所示，具体参数的含义如下。

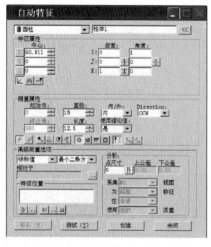

图 3-3-9 　"自动特征"对话框　　　　　　　　　图 3-3-10 　测头工具栏参数设置

开始深度：相对于圆柱顶部的距离，其数值是相对于圆柱的理论值沿着圆柱的法向矢量的相反方向偏置。

结束深度：相对于圆柱底部的距离，其数值是相对于圆柱的理论值沿着圆柱的法向矢量的方向偏置。深度示意图如图 3-3-11 所示。

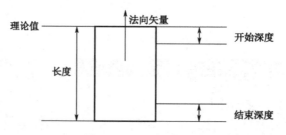

图 3-3-11 　深度示意图

层：在圆柱的开始深度和结束深度之间测量的层数，每层之间的距离是等分的。

每层测点：在每一层上测量的点数。

螺距：用于更加精确地测量带螺纹的孔和键。如果"螺距"的值大于零，则 PC-DMIS 软件将沿理论轴错开特征的测点，并使用起始角和终止角使测点在圆周上沿轴线螺旋等距排列。

【注意】其他参数参考自动测量圆的参数说明。

（2）自动测量圆柱示例

自动测量一个坐标值为 $X = 154.5$、$Y = 80.5$、$Z = 0$，直径为 15mm，分 3 层测量，每层各 3 点，开始深度为 2mm，结束深度为 2mm 的圆柱，如图 3-3-12 所示。

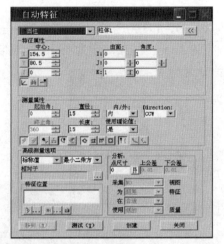

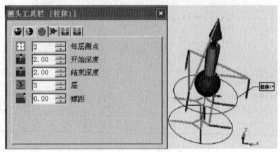

图 3-3-12　自动测量圆柱示例

3．自动测量圆锥

自动测量圆锥用于测量内锥或外锥，至少测量 2 层圆截面。

单击"插入"→"特征"→"自动"→"圆锥"菜单命令，在打开的对话框中设置相关参数，如图 3-3-13 所示。

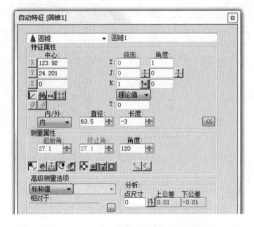

图 3-3-13　自动测量圆锥参数设置

（1）测量参数

● 角度：圆锥的锥全角。

【注意】其他参数参考自动测量圆柱的参数说明。

（2）自动测量圆锥示例

自动测量一个坐标值为 $X = 69$、$Y = 90$、$Z = 14$，直径为 8mm，长度为 14mm，分 3 层测量，每层各 3 点，开始深度为 1mm，结束深度为 1mm 的圆锥，如图 3-3-14 所示。

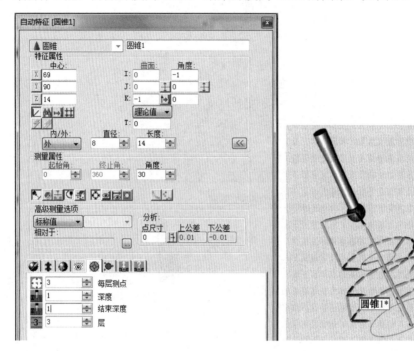

图 3-3-14   自动测量圆锥示例

4．测头的转换

在测量一个完整的零件时，需要对测头进行相关的转换来实现零件各个方向的测量，前面介绍了利用添加移动点的方式对测头进行转换，下面将介绍另一种转换测头的方式——设置安全平面中的经过平面，如图 3-3-15 所示。

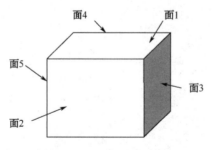

图 3-3-15   工作平面示意图

在转换测头时，如果只发生了 1 个工作平面的转换，那么只需要设置 1 次经过平面。例如，由面 1 转换到面 2，设置安全平面为面 2，经过平面为面 1。

在转换测头时，如果发生了 2 个工作平面的转换，那么需要设置 2 次经过平面。

例如，由面 2 转换到面 4，设置 1：安全平面为面 1，经过平面为面 2；设置 2：安全平面为面 4，经过平面为面 1。

在测头转换的运用中也可以将添加移动点和设置经过安全平面两种方式结合起来用。

（二）操作实践

实训任务

（1）利用自动测量圆及圆柱特征，测量产品零件图中所有的直径尺寸。

（2）利用自动测量圆锥特征，测量出产品零件图中的圆锥角度。

（3）利用经过安全平面的方式完成测头的转换，测量出内孔的直径尺寸。

💡 **想一想**

1．在自动测量圆的对话框中，中心 X、Y、Z 中的数值表示＿＿＿＿＿＿＿＿＿＿，曲面 I、J、K 中的数值表示＿＿＿＿＿＿＿＿＿，角度 I、J、K 中的数值表示＿＿＿＿＿＿＿＿＿。

2．在测量外圆时，测点间的路径线显示为直线，并发生碰撞，需要将＿＿＿＿＿＿＿＿＿＿＿＿＿＿＿＿＿，才能避免碰撞。

3．测量特征时，务必保证测点落在＿＿＿＿＿＿＿＿＿＿上。

4．简述自动测量圆柱时，"自动特征"对话框中，开始深度和结束深度分别表示什么？

＿＿＿＿＿＿＿＿＿＿＿＿＿＿＿＿＿＿＿＿＿＿＿＿＿＿＿＿＿＿＿＿＿＿＿＿＿＿＿

＿＿＿＿＿＿＿＿＿＿＿＿＿＿＿＿＿＿＿＿＿＿＿＿＿＿＿＿＿＿＿＿＿＿＿＿＿＿＿

5．简述测头转换的完整步骤。

＿＿＿＿＿＿＿＿＿＿＿＿＿＿＿＿＿＿＿＿＿＿＿＿＿＿＿＿＿＿＿＿＿＿＿＿＿＿＿

＿＿＿＿＿＿＿＿＿＿＿＿＿＿＿＿＿＿＿＿＿＿＿＿＿＿＿＿＿＿＿＿＿＿＿＿＿＿＿

6．利用设置安全平面的方法，简述测头由 A0B0 转换至 A-90B0 的操作步骤。

＿＿＿＿＿＿＿＿＿＿＿＿＿＿＿＿＿＿＿＿＿＿＿＿＿＿＿＿＿＿＿＿＿＿＿＿＿＿＿

＿＿＿＿＿＿＿＿＿＿＿＿＿＿＿＿＿＿＿＿＿＿＿＿＿＿＿＿＿＿＿＿＿＿＿＿＿＿＿

＿＿＿＿＿＿＿＿＿＿＿＿＿＿＿＿＿＿＿＿＿＿＿＿＿＿＿＿＿＿＿＿＿＿＿＿＿＿＿

任务 4　程序的运行

任务描述 ||||

对已编制好的测量程序进行模拟运行，检查程序是否正确，并保证测量过程中不发生碰撞。

任务要求 ||||

（1）会查看生成路径线的功能，并了解相关注意事项。

（2）会使用碰撞检测功能。

（3）能够设置自动运行的相关参数。

 任务实施 ||||

（一）相关知识

1．生成路径线

单击"视图"→"路径线"菜单命令，即可显示在自动模式下测量特征的路径，如图3-4-1所示。

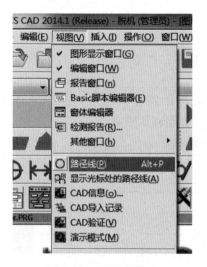

图3-4-1　打开路径线

【注意】 在生成路径线之前，需将在手动模式下测量的特征取消标记。系统默认标记测量的程序，未标记的程序不能运行。

在工具栏的空白处单击鼠标右键，在打开的快捷菜单中，选择"编辑窗口"→单击"标记/取消标记"图标，如图3-4-2所示。

图3-4-2　"标记/取消标记"图标

2．碰撞检测

单击"操作"→"图形显示窗口"→"碰撞检测"菜单命令，如图3-4-3所示，即可按照生成的路径进行碰撞检测，如果测量过程中有碰撞，路径线会变成红色，且在碰撞列表中会有相关的碰撞提示。

3．修改路径

根据碰撞检测后的结果，对测量路径进行修改。可能造成碰撞的原因如下。

① 未正确设置安全平面。

② 测量一个特征的移动过程中存在障碍物。

③ 测量逼近或回退距离的设置不合理。

④ 测量特征时的深度不合适，设置时须考虑测针的半径。

⑤ 测针直径较小，测量深度过深，以至碰到测杆。

⑥ 测头的角度不正确。

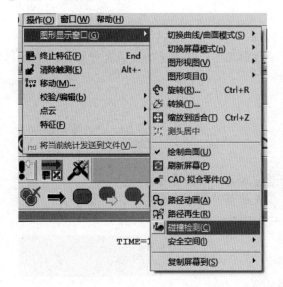

图 3-4-3　碰撞检测

（二）操作实践

实训任务

（1）对编制完成的测试程序进行碰撞检测。

（2）修正测试路径，确保不发生碰撞。

想一想

1. 思考一下，碰撞检测的目的是什么？有什么优势？

_____

_____

_____

2. 简述在碰撞检测中常出现的造成碰撞的原因有哪些？

_____

_____

_____

_____

任务5　公差评价及检测报告输出

任务描述

在确保测量方法和测量程序编制正确的前提下，将测量的结果进行评价，并将测量报告输出成 CAD 图形和尺寸评价标注的格式。

任务要求

（1）能够运用几何误差评价功能。

（2）会使用形状公差评价中圆度及圆柱度公差的评价方法。

（3）会使用位置公差评价中同轴度及跳动公差的评价方法。

（4）能够输出"图文报告"格式的检测报告。

任务实施

（一）相关知识

1. 几何误差评价

几何误差的评价步骤如下。

① 打开"位置形位公差"对话框（根据需评价的形位公差要求选择对应的公差符号特征），如图 3-5-1 所示。

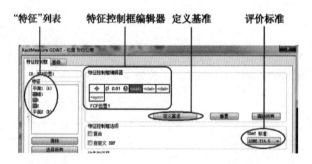

图 3-5-1　"位置形位公差"对话框

② 在"特征"列表中选择被测特征。

③ 定义基准，如果已经定义好基准则跳过这一步。

④ 在"特征控制框编辑器"中选择或输入公差符号、公差、实体条件、投影符号、投影长度、基准等信息，如图 3-5-2 所示。

⑤ 根据实际需要设置其他选项，如评价标准、高级选项等，不需要则跳过这一步。

⑥ 单击"创建"按钮。

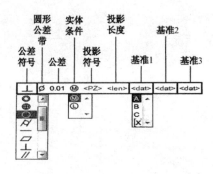

图 3-5-2　特征控制框编辑器

2．圆度、圆柱度评价

在测量特征时，应注意采集足够的点来评价此特征的偏离。采点数不能少于该特征的最少采点数。如果测量的点数是该特征的最少测点数，误差为 0，因为这样会把此特征计算为理想特征。几何特征推荐测量点数见表 3-5-1。

表 3-5-1　几何特征推荐测量点数

几何特征类型	推荐测点数（尺寸位置）	推荐测点数（形状）	说　　明
点（一维或三维）	1 点	1 点	手动点为一维点，矢量点为三维点
直线（二维）	3 点	5 点	最大范围分布测量点（布点法）
平面（二维）	4 点	9 点	最大范围分布测量点（布点法）
圆（二维）	4 点	7 点	最大范围分布测量点（布点法）
圆柱（三维）	8 点/2 层	12 点/4 层	为了得到直线度信息，至少测量 4 层
		15 点/3 层	为了得到圆柱度信息，每层至少测量 5 点
圆锥（三维）	8 点/2 层	12 点/4 层	为了得到直线度信息，至少测量 4 层
		15 点/3 层	为了得到圆度信息，每层至少测量 5 点
球（三维）	9 点/3 层	14 点/4 层	为了得到圆度信息，测点分布为 5+5+3+1

（1）圆度、圆柱度公差评价的具体操作步骤

① 单击"插入"→"尺寸"→"圆度（或圆柱度）"菜单命令，打开"圆度形位公差"或"圆柱度形位公差"对话框，如图 3-5-3 和图 3-5-4 所示。

图 3-5-3　"圆度形位公差"对话框

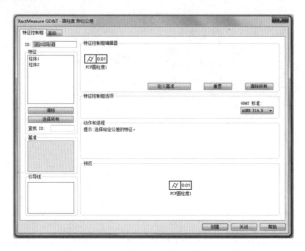

图 3-5-4　"圆柱度形位公差"对话框

② 在"特征"列表中选择被测特征。

③ 在"特征控制框编辑器"中输入正公差值。

④ 在"高级"选项卡的"单位"中选择"毫米",如图 3-5-5 所示。

⑤ 选择输出设备,可选择"统计"、"报告"、"两者"或"无"选项。

⑥ 通过"报告文本分析"和"报告图形分析"文本框,选择是否想要分析选项。如果选中"报告图形分析",则需要输入"箭头增益"。

⑦ 选中"尺寸信息"选项中的"当这个对话框关闭时创建尺寸信息"复选框,则在图形显示窗口中显示尺寸信息。

⑧ 单击"创建"按钮。

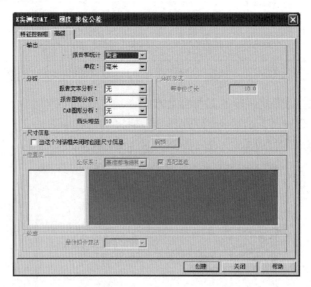

图 3-5-5　"高级"选项卡

(2) 圆度公差评价举例

【举例】如何评价图 3-5-6 中所示的圆 1 的圆度公差?

具体操作步骤如下。

① 选择当前的工作平面"Z+"。

② 测量圆1。

③ 单击"插入"→"尺寸"→"圆度"菜单命令，打开"自动特征"对话框。

④ 在特征列表中选择被测特征"圆1"。

⑤ 在"特征控制框编辑器"中输入公差值。

⑥ 单击"创建"按钮。

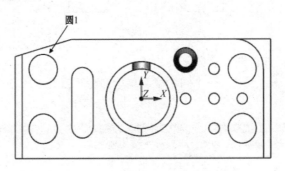

图 3-5-6　示例

3. 同轴度评价

同轴度用来评价圆柱、圆锥或线相对于基准轴线的偏离程度，其公差带是圆柱公差带。同轴度评价的方法有单一基准直接评价和构造公共轴线基准分别评价两种，具体需要根据图纸要求来确定。

（1）同轴度的类型

同轴度的类型一般有以下三种。

① 包络（含）型。

采用单一基准直接评价，以其中一个圆柱作为基准，来评价另一个圆柱，如图 3-5-7 所示。

② 相邻型。

采用构造公共轴线基准分别评价，用两个圆柱构造一条 3D 最佳拟合公共轴线，以公共轴线为基准分别评价两个圆柱的同轴度，最后取两组数据中的最大值为验收标准。如图 3-5-8 所示。

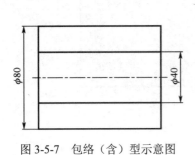

图 3-5-7　包络（含）型示意图　　　　图 3-5-8　相邻型示意图

③ 分离型。

分离型同轴度的评价方法与相邻型的评价方法一样，如图 3-5-9 所示。

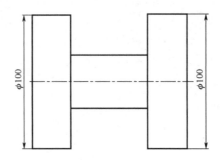

图 3-5-9　分离型示意图

（2）单一基准直接评价同轴度公差的步骤

① 单击"插入"→"尺寸"→"同轴度"菜单命令，打开"同轴度形位公差"对话框，如图 3-5-10 所示。

图 3-5-10　"同轴度形位公差"对话框

② 单击"定义基准"按钮，打开"数据精确度"对话框，根据实际情况定义基准，如图 3-5-11 所示。

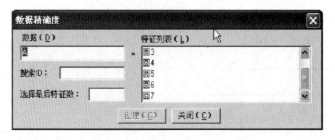

图 3-5-11　"数据精确度"对话框

③ 在"特征"列表中选择被测特征。

④ 在"特征控制框编辑器"中输入正公差值。

⑤ 在"高级"选项卡的"单位"中选择"英寸"或"毫米"。

⑥ 选择输出设备，可选择"统计"、"报告"、"两者"或"无"选项。

⑦ 通过"报告文本分析"和"报告图形分析"文本框，选择是否想要分析选项。如果选中"报告图形分析"，需要输入"箭头增益"。

⑧ 选中"尺寸信息"选项中的"当这个对话框关闭时创建尺寸信息"复选框，则在图形显示窗口中显示尺寸信息。

⑨ 单击"创建"按钮。

【举例】评价图3-5-12所示柱体2相对基准柱体1的同轴度公差，公差值为0.01mm。

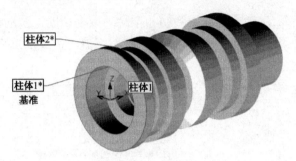

图 3-5-12　示例图

具体操作步骤如下。

① 测量如图3-5-12所示的特征柱体1和柱体2。

② 单击"插入"→"尺寸"→"同轴度"菜单命令，打开"同轴度形位公差"对话框。

③ 在"特征"列表中选择被测特征"柱体2"。

④ 单击"定义基准"按钮，在"特征列表"中选择"柱体1"，定义基准"A"。

⑤ 在"特征控制框编辑器"中输入公差值"0.01"，选择基准"A"。

⑥ 单击"创建"按钮。

【举例】评价图3-5-13所示圆柱2相对基准圆柱1的同轴度公差，公差值为0.01mm。

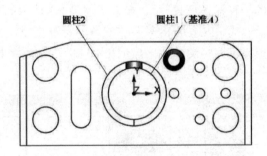

图 3-5-13　示例图

具体操作步骤如下。

① 测量如图3-5-13所示的特征圆柱1和圆柱2。

② 单击"插入"→"特征"→"构造"→"直线"菜单命令，打开"构造线"对话框，在特征列表中选择"柱体1"和"柱体2"，选择"3维线""最佳拟合"，单击"创建"按钮。

③ 单击"插入"→"尺寸"→"同轴度"菜单命令，打开"同轴度形位公差"对话框，单击"定义基准"按钮，选中构造的直线，定义为基准"A"。

④ 在"特征"列表中选择"柱体1"，在"特征控制框编辑器"中输入公差值"0.01"，选择基准"A"，单击"创建"按钮。

⑤ 在"特征"列表中选择"柱体2"，在"特征控制框编辑器"中输入公差值"0.01"，选择基准"A"，单击"创建"按钮。

⑥ 以同轴度误差最大的数值为验收标准。

4. 跳动评价

如图 3-5-14 所示，跳动评价有圆跳动和全跳动两个功能，跳动还分为轴向（端面）跳动和径向跳动，可在"特征控制框"选项中进行选择，需要注意它们评价的基准必须是圆柱轴线。

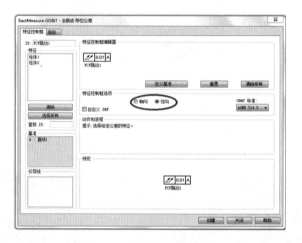

图 3-5-14　跳动检测参数设置

5. 检测报告的输出

报告模板是对报告的一种描述形式。报告模板描述了 PC-DMIS 软件使用什么数据来创建报告，以及数据的表现形式。PC-DMIS 软件带有 6 种标准模板，一种报告模板可用于多个零件程序。用户可以根据需要将测量数据显示在不同的报告模板里，如图 3-5-15 所示。下面介绍其中一种模板——"图文报告"的输出方法。

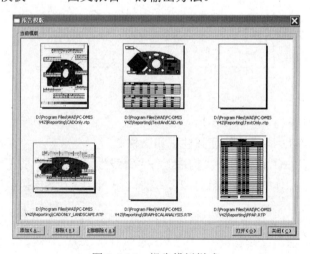

图 3-5-15　报告模板样式

输出图文报告的操作步骤如下。

① 对检测报告进行参数设置，单击"编辑"→"参数设置"→"参数"菜单命令（或直接按【F10】键），如图 3-5-16 所示。

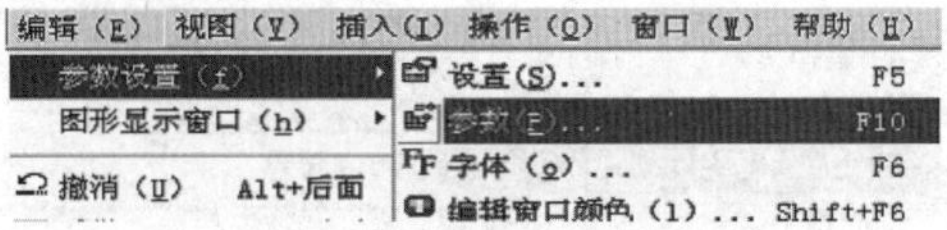

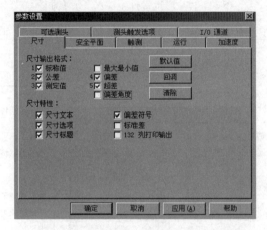

图 3-5-16　参数设置菜单命令

② 打开"参数设置"对话框，如图 3-5-17 所示。在"参数设置"对话框中根据需要，选择尺寸的显示内容及顺序，设置完成后单击"确定"按钮，关闭对话框。

图 3-5-17　　"参数设置"对话框

③ 单击"视图"→"报告窗口"菜单命令，刷新报告窗口，选择报告工具栏上的模板，单击"图文报告"版式，如图 3-5-18 所示，将会出现如图 3-5-19 所示的报告版式。

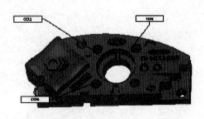

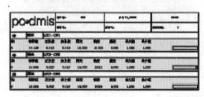

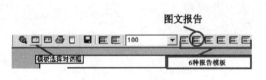

图 3-5-18　报告工具栏

图 3-5-19　报告生成示意图

④ 单击"文件"→"打印"→"报告打印设置"菜单命令，如图 3-5-20 所示。

图 3-5-20 "报告打印设置"菜单命令

⑤ 弹出"报告打印选项"对话框，根据实际情况选择报告输出的目标位置，如图 3-5-21 所示。

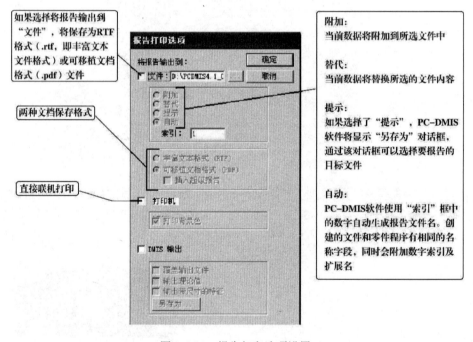

图 3-5-21 报告打印选项设置

⑥ 单击"文件"→"打印"→"编辑窗口打印"菜单命令，你的报告就会存储到指定的目标位置（如果在以上设置中选中了打印机，那么此时报告将被打印出来）。

（二）操作实践

实训任务

（1）完成如图 3-1 所示的产品零件中所标注的形位误差评价。

（2）将检测报告输出为"图文报告"版式。

（3）将检测报告输出为其他报告版式。

想一想

1. 评价圆的圆度误差，建议测点数为_____点；评价圆柱度误差，建议测点数为_____点，_____层；评价圆锥的圆度误差，建议测点数为_____点，_____层。

2. 简述将检测报告输出为"图文报告"版式的操作步骤。

_____

_____

_____

箱体类零件的自动测量

在项目二、三中，我们学习了简单箱体类零件的手动测量，完成了测头的选择及校验、3-2-1 法零件坐标系的建立、手动测量特征、自动测量圆、圆柱等特征，测量程序运行时的参数设置、尺寸误差的评价和检测报告的保存与打印等任务，已经基本了解了一个完整的测量程序的编制步骤。现在我们需要通过完成项目四的任务，学习箱体类零件的自动测量相关知识，以及形位公差尺寸触测、评价等知识。

● **项目描述** ●

学校数控系产学研组接到一批企业产品订单，零件图如图 4-1 所示，数量为 5000 件，产品已经加工完成。现企业要求送货，并提供三坐标检测的产品出货报告。本次的任务是完成该零件部分尺寸的自动测量工作。

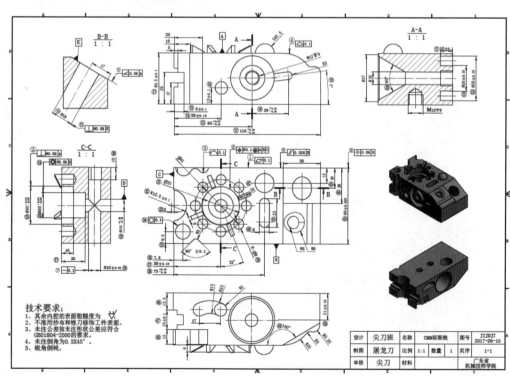

图 4-1　零件图

● 项目分析 ●

因为本次任务是完成该零件的自动测量工作，可分为三部分：脱机编写程序、输出测量报告及碰撞检测。其中脱机编写程序包括根据要求配置测座及测针、正确导入 CAD 模型、建立零件坐标系、运用自动测量功能与程序模式编写程序路径线及公差评价。

（一）分析图纸，明确具体测量要求

（1）本任务通过讲解部分典型尺寸的测量来完成任务的要求，通过分析图纸，明确所要测量的尺寸，具体尺寸见表 4-1 及图 4-1～图 4-3 所示。

表 4-1　测量要素

尺 寸 序 号	项　　目	尺 寸 位 置
1	平面度评价	C7
2	垂直度评价	C9
3	线轮廓度评价	C8
4	面轮廓度评价	E5
5	倾斜度评价	E9
6	平行度评价	C5
7	直线度评价	C11
8	位置度评价	C8
9	对称度评价	C2

图 4-2　零件实物图

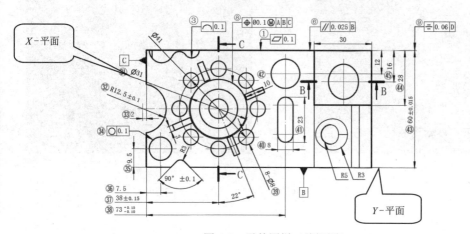

图 4-3　零件图样（俯视图）

通过分析图纸，确定零件坐标系原点，如图 4-4 所示，可把坐标系建立在零件左下角。

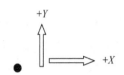

图 4-4　零件坐标系的建立

（2）将图纸上的尺寸转换为相应几何特征的测量，如图 4-3 所示。

尺寸 1 平面度评价是在 $Y+$ 平面上测量的；测针角度为 A-90B180。

尺寸 2 垂直度评价、尺寸 3 线轮廓度评价、尺寸 4 面轮廓度评价、尺寸 5 倾斜度是在 $Z+$ 平面上测量的；测针角度为 A0B0。

尺寸 6 平行度评价、尺寸 7 直线度评价是在 $Y+$ 平面和 $Y-$ 平面上测量的；测针角度为 A-90B180 及 A-90B0。

尺寸 8 位置度评价是在 $Y-$ 平面、$X-$ 平面和 $Z+$ 平面上测量的；测针角度为 A-90B0、A-90B-90、A0B0。

尺寸 9 对称度评价是在 $Y+$ 平面、$Y-$ 平面和 $Z+$ 平面上测量的；测针角度为 A-90B180、A-90B0 及 A0B0。

（3）零件测量前的准备。

① 根据要测量的几何特征选择合适的测头和摆放方式。

② 根据要测量的几何特征尺寸和位置，选择合适的测针配置和测头角度。测针可配置：直径 4mm 测杆长 40mm（TIP4BY40MM 或使用加长杆 EXTEN20MM+TIP4BY20MM）；测头角度可用：A0B0、A-90B0、A-90B180、A-90B-90。

③ 分析怎样建立零件坐标系。图纸中基准 A 为 $Z+$ 平面，基准 B 为 $Y-$ 平面，基准 C 为 $X-$ 平面，所以设置 $Z+$ 平面为找正平面并设置基准 A 为 Z 轴零点，基准 B 为 X 的旋转轴并设置为 Y 轴零点，基准 C 为 X 轴零点。

④ 根据测量特征的要求，可以使用热熔胶粘住四个角落，固定在两块凸起的板上，避免在检测的过程中产生干涉，如图 4-5 所示。

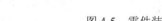

（a）　　　　　　　　　　　　　　　　　　（b）

图 4-5　零件装夹

（二）测量规划

① 新建零件程序、校验测头。

② 粗建坐标系（面-线-点法）。

③ 精建坐标系（面-面-面法）。

④ 测量 Z+平面上的几何特征（从左往右），工作平面：Z+，测头角度：A0B0。

⑤ 测量 Y-平面上的几何特征，工作平面：Y-，测头角度：A-90B0。

⑥ 测量 Y+平面上的几何特征，工作平面：Y+，测头角度：A-90B180。

⑦ 测量 X-平面上的几何特征，工作平面：X-，测头角度：A-90B-90。

⑧ 尺寸评价。

⑨ 碰撞检测。

⑩ 自动运行输出检测报告。

● 项目实施 ●

任务 1　零件坐标系的建立

 任务描述 ||||

　　如图 4-1-1 所示为学校数控系产学研组提供的产品零件的 CAD 模型，根据检测的要求，需要我们粗建、精建零件坐标系，利用模型与零件的坐标系的拟合操作进行自动测量及形位公差的评价。

图 4-1-1　产品零件的 CAD 模型

 任务要求 ||||

　　（1）能够掌握 3-2-1 法建立零件坐标系的具体应用，使用"面-面-面法"建立零件坐标系。

　　（2）能够掌握坐标系旋转与平移的方法。

　　（3）通过了解建立零件坐标系的几种方式，掌握建立零件坐标系的技巧。

 任务实施 ||||

（一）相关知识

1. 3-2-1 法建立零件坐标系的应用

在三坐标测量机上进行三维尺寸测量时，建立坐标系需要分步进行。先进行粗建，再精建坐标系。

建立坐标系需要按照三个步骤进行：零件找正，旋转轴和设置原点。

① 零件找正：确定零件在空间直角坐标系下的 3 个自由度，其中 2 个为旋转自由度、1 个为平移自由度。

测量平面，找正零件，明确第一轴向。

② 旋转轴：确定零件在空间直角坐标系下的另外 2 个自由度，其中 1 个为旋转自由度、1 个为平移自由度。

明确第一轴向后，就可以进行建立坐标系的第二步——旋转轴，即确定第二轴向。

③ 设置原点：确定零件在直角坐标系下的 1 个平移自由度。

设置零件的 X、Y、Z 方向的原点。

以上 3 个步骤可以限制零件的 6 个自由度，应用于粗建坐标系及精建坐标系。设置好零件的正确轴向和原点后一个坐标系就建好了。

2. 使用 3-2-1 法精建零件坐标系的方式

使用 3-2-1 法精建零件坐标系通常有以下几种方式：面-线-点、面-线-线、面-圆-圆、面-线-圆、面-面-面、线（3 维）-线（2 维）-线（2 维）。

（1）面-线-点法建立零件坐标系（已在项目二中详细讲解）

（2）面-线-线法建立零件坐标系

与前面项目中介绍的方法相同，我们可以利用零件不同的特征来建立零件坐标系。

如图 4-1-1 所示零件，要应用面-线-线法建立零件坐标系，可以选取第一基准为上平面，第二基准为前平面，第三基准为左平面。具体操作步骤如下。

① 在上平面构造平面 1。

② 在前平面由左向右构造一条直线 1。

③ 在左平面由前向后构造一条直线 2。

④ 用直线 1、直线 2 构造一个交点，即点 1。

如图 4-1-2 所示为面-线-线法建立零件坐标系及零件中所构造的特征的位置。然后利用坐标系来约束零件的 3 个自由度，其中 2 个为旋转自由度、1 个为平移自由度。

单击"插入"→"坐标系"→"新建"菜单命令，插入零件坐标系。

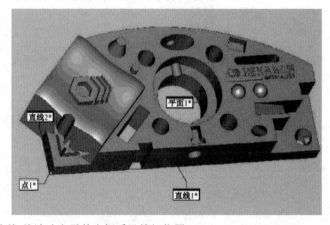

图 4-1-2　面-线-线法建立零件坐标系及特征位置

（3）面-圆-圆法建立零件坐标系

以图 4-1-1 所示零件为例，应用面-圆-圆法建立零件坐标系，选取第一基准为上平面，第二基准轴是通过两圆的圆心，左边圆的圆心是原点。具体操作步骤如下。

① 在上平面构造平面 1。

② 构造左边孔圆 1。

③ 构造右边孔圆 2。

单击"插入"→"坐标系"→"新建"菜单命令，插入零件坐标系。"坐标系功能"对话框的相关设置如图 4-1-3 所示。

图 4-1-3　"坐标系功能"对话框

（4）面-线-圆法建立零件坐标系

以图 4-1-1 所示零件为例，应用面-线-圆法建立零件坐标系，选取第一基准为上平面，第二基准为直线，中心圆的圆心为原点。具体操作步骤如下。

① 在上平面构造平面 1。

② 在前平面从左向右构造直线 1。

③ 利用圆 1 构造圆 2。

"坐标系功能"对话框的相关设置如图 4-1-4 所示。零件中建立坐标系的特征的位置如图 4-1-5 所示。

图 4-1-4　面-线-圆法建立零件坐标系

123

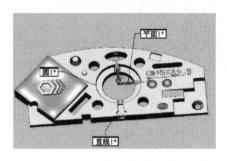

图 4-1-5 零件中建立坐标系的特征的位置

（5）面-面-面法建立零件坐标系

面-面-面法建立零件坐标系的方法将在本任务的操作实践中详细介绍。

3. 迭代法建立零件坐标系

（1）迭代法的定义

迭代法建立零件坐标系的过程就是将测定特征从三维 CAD 模型上"最佳拟合"到理论特征的过程。

迭代法建立零件坐标系主要应用于零件坐标系的原点不在零件本身上或无法找到相应的基准特征（如面、孔、线等）来确定轴向或原点。这种方法多应用在曲面类零件上，如汽车、飞机的配件，其零件坐标系多在车身或机身上。

（2）建立原理

与 3-2-1 法建立零件坐标系的原理类似，迭代法建立零件坐标系，也是用找正的方法确定第一轴向，用旋转的方法确定第二轴向，然后确定原点的位置。

找正——第一组特征将使平面拟合特征的质心，以建立当前工作平面法线轴的方向。此部分必须至少使用三个特征（找正==3）。

旋转——这一组特征将使直线拟合特征，从而将工作平面的定义轴旋转到特征上。此部分必须至少使用两个特征（旋转==2）。如果未标记任何特征，坐标系将使用"找平"部分中的特征。（"找平"部分中倒数第二个和第三个特征将利用为旋转控制特征。）

原点——最后一组特征用于将零件原点平移到指定位置（设置原点==1）。如果未标记任何特征，坐标系将使用"找平"部分中的最后一个特征。

【注意】使用迭代法的前提：

① 当前程序为手动模式。

② 建立坐标系的特征必须有理论值或 CAD 模型，特别是必须有矢量信息。

（3）常用的方法

使用迭代法建立零件坐标系的方法如下。

① 六个矢量点法：遵循"3-2-1 法"原则。

3：三个矢量点→确定平面→法线矢量→找正一个轴向。要求三点方向近似一致。

2：两个矢量点→确定直线→方向→旋转确定第二轴向。要求两点方向近似一致，并且此两点的连线与前三个点方向垂直。

1：一个矢量点——原点。要求该点方向与前五个点方向垂直。

② 三个圆（球）法：遵循"3-2-1 法"原则。

三个圆——找正：三个圆的圆心可以构造一个平面，然后利用这个面的矢量方向确定找正方向。

二个圆——旋转：两个圆的圆心可以确定一条直线，根据直线的矢量方向确定一个方向旋转。

一个圆——原点：一个圆的圆心即为原点。

【注意】有圆特征参与迭代法建立零件坐标系时，测量时"起始""永久"参数必须为3，即必须采集圆所在表面的三个样例点。

③ 此外，还有五个矢量点一个圆法、三个矢量点两个圆法、三个矢量点一个圆一个圆槽法。

4．坐标系旋转与偏置

（1）坐标系旋转

根据零件的测量要求建立坐标系，角度的旋转是非常必要的。零件中未旋转坐标系角度如图 4-1-6 所示。在图 4-1-6 中，第一基准是上平面，圆 1 和圆 2 圆心连线作为旋转轴，圆 1 的圆心为原点。坐标系功能设置界面如图 4-1-7 所示。

旋转坐标系的具体操作步骤如下。

① 在上平面构造一个平面 1。

② 在左孔上构造圆 1。

③ 在右孔上构造圆 2。

④ 输入偏转角度，选择旋转的方向以及围绕的轴向，单击"旋转"按钮。比如，绕 Z 轴旋转 45°，如图 4-1-8 所示。要特别注意确定坐标系的旋转方向及围绕轴的方向（正=逆时针）。

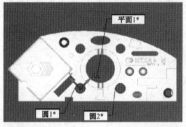

图 4-1-6　零件中未旋转坐标系角度

图 4-1-7　坐标系功能设置界面

图 4-1-8　设置偏置旋转角度

（2）坐标系偏置

关于零件坐标系原点的位置，在一个轴、二个轴或三个轴上，还是相对于产品设计的理论中心位置进行偏置，是一个很重要的问题。

如图 4-1-9 所示，在这个例子中，第一基准为上平面，圆 1 和圆 2 圆心连线作为旋转轴，圆 1 的圆心为原点，零件中未偏置坐标系。

坐标系偏置的具体操作步骤如下。

① 在上平面构造平面 1。

② 在左孔内构造圆 1。

③ 在右孔内构造圆 2。

④ 原点需要从当前位置进行偏置（X-10，Y-10，Z0）。在偏置区域方向输入需要的数据，选择坐标轴，单击"原点"按钮。坐标系的设置如图 4-1-10 所示。

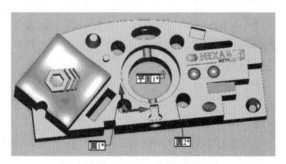

图 4-1-9　零件中未偏置坐标系

图 4-1-10　坐标系功能设置界面

（二）操作实践

1．实训任务

（1）配置测座及测针。

（2）导入模型。

（3）模型转换。

（4）使用 3-2-1 法中的面-线-点法，粗建坐标系。

（5）使用 3-2-1 法中的面-面-面法，精建坐标系。

2．操作步骤

（1）配置测座及测针。

根据零件图纸测量的要求，以及设备的实际情况，配置测座及测针。

打开软件后，自动弹出测座及测针配置的对话框，或者在测头的程序行单击【F9】键，将光标停在测头文件的空白处，（根据实际机型）依次选择 Tesastar_M_M8 测座、TESASTAR-P 传感器、加长杆 EXTEN20MM，最后选择测针号（测头直径和长度）TIP4BY20MM，如图 4-1-11 所示。

（2）添加测针角度。

根据零件图纸的测量要求，需要配备四个测针角度，分别为：A0B0、A-90B0、A-90B180、A-90B-90。

单击"测头工具框"对话框中的"添加角度"按钮，如图 4-1-12 所示，逐个添加单个角度，"A 角"：-90，"B 角"：180，单击"添加"按钮。其他几个角度的添加方法与此相同，逐个添加，如图 4-1-13 所示，最后单击"确定"按钮。

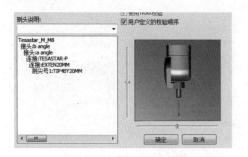

图 4-1-11　测针配置界面

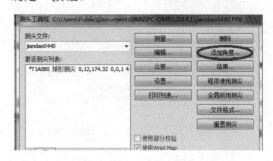

图 4-1-12　测头工具框

图 4-1-13　"添加新角"对话框

（3）校验新建的测针角度。

所有新建的测针都是无数据的测针，需要使用标准球进行校正补偿后才可以使用，否则触测的结果不准确。如图 4-1-14 所示，每一个测针前面都带了*号。选中"激活测尖列表"里的所有测针，再单击"测头工具框"中的"测量"按钮，打开"校验测头"对话框，设置相关参数（每台机器至少会配备一个检验的标准球，在设备安装调试时已将相关参数输入，在没有人为更改的情况下，选择默认设置即可），如图 4-1-15 所示，然后根据提示依次单击"确定"按钮即可。因为是脱机编程，并不会有动作，所以系统自动默认为已校验好所有测针，"激活测尖列表"里的*号也已消失，如图4-1-16所示，此时可以进行建立坐标系及程序编写的过程。

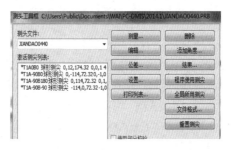

图4-1-14 测针添加后未校准

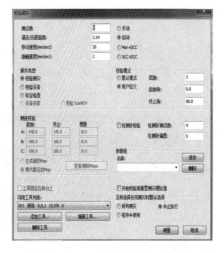

图4-1-15 "校验测头"对话框

图4-1-16 测针校准好后

（4）导入模型。

"导入"菜单的路径：单击"文件"→"导入"→"IGES"菜单命令，如图4-1-17所示。选择需要检测的零件模型，单击"处理"→"确定"按钮，如图4-1-18所示。

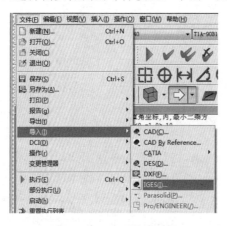

图4-1-17 导入模型页面

图4-1-18 模型处理页面

（5）模型转换。

模型导入后，坐标系的位置与我们理想的坐标系位置不一致，可以将坐标系移动至想要的位置，这样可以避免在实际运行程序时，一些不当的操作引起坐标系错乱（在脱机编程时，不移动坐标系也不会影响仿真运行）。

在主菜单中单击"操作"→"图形显示窗口"→"转换"菜单命令，打开如图 4-1-19 所示的"CAD 转换"对话框，单击"选择"按钮，在模型的角点（原点位置）附近单击，如图 4-1-20 所示，单击"应用"按钮，再单击"确定"按钮。此时坐标系的原点就会移动到左上角点（如果知道具体数值，也可以直接输入数值），此时原点已经移动到了理想的位置，但是坐标系的轴仍然与机床坐标系不一致，在"CAD 转换"对话框中，选择"旋转轴向"为"X 轴"，"角度"输入"90"，单击"应用"按钮，如图 4-1-21 所示。此时的模型坐标系就转换完成了。

图 4-1-19　"CAD 转换"对话框

图 4-1-20　模型中选择点

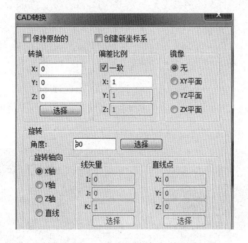

图 4-1-21　CAD 转换参数设置

（6）使用 3-2-1 法中的面-线-点法，粗建坐标系。

脱机编程可以使用"程序模式"（快捷键【Ctrl+F4】）直接单击模型上需要触测的位置，按【End】键结束命令。

面-线-点法建立坐标系的步骤如下。

手动在平面 1 上触测至少 3 个点，可以用于找正 Z 向以及确定 Z 轴原点，如图 4-1-22 所示。

单击主菜单中的"插入"→"坐标系"→"新建"菜单命令，打开"坐标系功能"对话框。

选择平面1（平面1突出显示），在"找正"按钮左侧下拉框中选择"Z正"，单击"找正"按钮，进行找正。在"坐标系功能"对话框左上角的文本框中显示"Z正找正到平面标识=平面1"。在这一步也可以设置Z轴原点。单击特征列表里的特征"平面1"，勾选"原点"按钮上方的"Z"复选框，单击"原点"按钮。在"坐标系功能"对话框左上角的文本框中显示"Z正找正到平面标识=平面1"，如图4-1-23所示。

图 4-1-22　手动触测特征

图 4-1-23　坐标系粗建

单击"确定"按钮，可以看到程序返回编辑窗口。此时零件还可以自由旋转，则我们需要在零件的X/Y方向拾取1条直线（在脱机编程使用"程序模式"时，如果测座的显示干扰显示时，可以将其隐藏，只显示测针部分。在编辑窗口中，将光标停留在"加载测头"那一行，单击快捷键【F9】，弹出"测头编辑"对话框，双击传感器"连接：TESASTAR-P"，如图4-1-24所示，取消对"显示整个组件"复选框的选择，最后单击"确定"按钮。完成后，注意将光标停留在程序的最后一行，否则会提示"未选择测尖"）。触测点的顺序对于建立直线的矢量是很关键的，如图4-1-25所示的方向是从左往右，这将建立第二条轴"X+"。

鼠标停留在图形显示窗口中时，单击鼠标右键拖动则是移动模型，单击鼠标中键拖动，则是旋转模型，当使用了"程序模式"时，鼠标右键拖动则切换到移动测针的显示位置，需要切换回来则需要单击"平移模式"。

按【Ctrl+W】快捷键，则可以显示当前测针的位置坐标值。

在触测时，误点了模型的哪个位置需要将测点删除时，可以使用【Alt+-】快捷键进行操作。

图 4-1-24　隐藏测头组件

图 4-1-25　触测点矢量方向

现在还需要设定X轴的原点。在零件左侧边缘测量一个矢量点，得到特征点1，就能用于设定X轴的原点，如图4-1-26所示。

单击"插入"→"坐标系"→"新建"菜单命令，将打开"坐标系功能"对话框。

在特征列表里选择"直线1"（直线1突出显示），在"旋转到"下拉框中选择"X正"，在"围绕"下拉框里选择"Z正"，然后单击"旋转"按钮。

在这一步也可以设置 Y 轴原点。单击特征列表里的特征"直线 1"，勾选"原点"按钮上方的"Y"复选框，单击"原点"按钮。在"坐标系功能"对话框左上角的文本框中显示"Y 正平移到直线标识＝直线 1"。

最后设置 X 轴原点。单击特征列表里的特征"点 1"，勾选"原点"按钮上方的"X"复选框，单击"原点"按钮。在"坐标系功能"对话框左上角的文本框中显示的内容如图 4-1-27 所示。

单击"确定"按钮，程序返回到编辑窗口。

【特别注意】此处建立坐标系，使用了分两次建立，因为直线为二维特征，二维特征必须要有投影面，所以在触测直线之前，没有投影的平面时，则投影到机器坐标系下，与零件的实际投影关系会产生误差，误差的大小与零件摆放的位置有关。

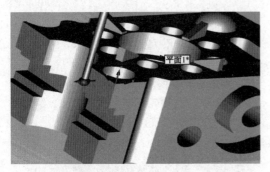

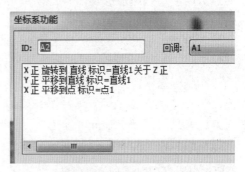

图 4-1-26 X 轴原点触测 　　　　　　　图 4-1-27 X 轴原点设置

（7）使用 3-2-1 法中的面-面-面法，精建坐标系。

① 精建坐标系之前先进行安全平面等的相关设置。

粗建坐标系，基本都是为了应用于手动粗略确定零件位置，之后再切换到自动模式进行自动测量。

② 将自动模式（又叫 DCC 模式，快捷键为【Alt+Z】）打开（软件打开后默认是手动模式，只有切换到自动模式时才可以自动运行）。

③ 设置安全平面：单击"编辑"→"参数设置"菜单命令，打开"参数设置"对话框，单击"安全平面"选项卡，如图 4-1-28 所示，激活平面的轴选择"Z 正"，值为"15"（测量每一个特征之前，都会移动到 Z 正方向 15 的坐标位置）。经过平面则是当旋转测座时，测座经过的平面。经过平面的轴可以设置为"Z 正"，值为"200"，注意一定要勾选"激活安全平面（开）"复选框，否则将不会打开安全平面。单击"确定"按钮后，在粗建坐标系下方会生成程序段，显示安全平面参数，如图 4-1-29 所示。也可以直接在编辑窗口处修改相应的数值。

图 4-1-28 "安全平面"设置 　　　　　　　图 4-1-29 安全平面参数显示

（8）面-面-面法精建坐标系。

粗建坐标系，顾名思义，就是粗略地确定零件大概的位置，而实际测量时，要根据零件的基准要求来精建坐标系。

根据图纸上标注的基准平面为 $Z+$ 平面，第二基准平面为 $Y-$ 平面，第三基准平面为 $X-$ 平面。在插入坐标系时，选择第一基准平面为 $Z+$ 找正，同时为 Z 轴零点；旋转轴则选择第二基准平面，注意：此时选择的是旋转轴，此平面的矢量方向为 $Y-$，则是围绕 Z 平面旋转到 $Y-$ 方向，同时为 Y 轴零点；第三基准平面则为 X 轴零点，此时平面的质心点为 X 轴零点位置。

首先触测出平面 2（$Z+$ 平面）如图 4-1-30 所示，触测时注意遵循"广度均布"的原则，取的点数越多，则越能够反映零件的真实情况，并且要注意单击一个点至下一个点的轨迹线中是否有轮廓突起，避免干涉。

然后触测出平面 3（$Y-$ 平面）如图 4-1-31 所示，触测生成程序段如图 4-1-32 所示，在"触测/基本，常规"后面的两组数字分别表示触测点的坐标值和矢量方向，在平面 3 的第一个触测坐标值中，第一个数值为 5.23 表示 X 坐标，第二个数值为 0 表示 Y 坐标，第三个数值为 -4.997 表示 Z 坐标，测针的长度为 40mm，可以检查 Z 值不要超过 -32.5（Z 轴零点的上方还有凸台高度 7.5mm）即可。

最后触测出平面 4（$X-$ 平面），同样，触测完成后要在程序段中检查 Z 值。

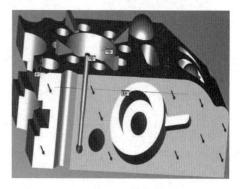

图 4-1-30　$Z+$ 平面触测　　　　　　　　　图 4-1-31　$Y-$ 平面触测

```
平面3        =特征/平面，直角坐标，三角形
             理论值/<62.481,0,-19.536>,<0,-1,0>
             实际值/<62.481,0,-19.536>,<0,-1,0>
             测定/平面,12
             触测/基本,常规,<5.23,0,-4.997>,<0,-1,0>,<5.23,0,-4.997>,使用理论值=是
             触测/基本,常规,<31.666,0,-4.825>,<0,-1,0>,<31.666,0,-4.825>,使用理论值=是
             触测/基本,常规,<81.317,0,-5.131>,<0,-1,0>,<81.317,0,-5.131>,使用理论值=是
             触测/基本,常规,<99.116,0,-7.864>,<0,-1,0>,<99.116,0,-7.864>,使用理论值=是
             触测/基本,常规,<114.389,0,-17.679>,<0,-1,0>,<114.389,0,-17.679>,使用理论值=是
             触测/基本,常规,<114.187,0,-30.449>,<0,-1,0>,<114.187,0,-30.449>,使用理论值=是
             触测/基本,常规,<101.648,0,-22.802>,<0,-1,0>,<101.648,0,-22.802>,使用理论值=是
             触测/基本,常规,<86.671,0,-30.37>,<0,-1,0>,<86.671,0,-30.37>,使用理论值=是
             触测/基本,常规,<45.978,0,-32.296>,<0,-1,0>,<45.978,0,-32.296>,使用理论值=是
             触测/基本,常规,<38.069,0,-15.65>,<0,-1,0>,<38.069,0,-15.65>,使用理论值=是
             触测/基本,常规,<26.933,0,-29.762>,<0,-1,0>,<26.933,0,-29.762>,使用理论值=是
             触测/基本,常规,<4.57,0,-32.611>,<0,-1,0>,<4.57,0,-32.611>,使用理论值=是
             终止测量/
```

图 4-1-32　触测生成程序段

插入坐标系步骤与（面-线-点法建立坐标系的方法一致）。坐标系建立完成后，"坐标系功能"对话框左上角的文本框显示内容如图 4-1-33 所示。

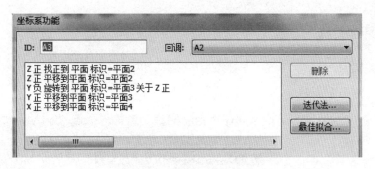

图 4-1-33　精建坐标系设置

 想一想

1. 想一想，迭代法建立坐标系的原理是什么？

_____

_____

_____

2. 简述为什么要精建坐标系。

_____

_____

_____

3. 简述 3-2-1 法中的面-面-面法建立零件坐标系的步骤。

_____

_____

_____

任务 2　程序的自动编写

 任务描述 ||||

　　产品零件三维 CAD 模型导入后，粗建、精建坐标系完成，可以进行程序的自动编写，编写正确的轨迹路径，触测零件，得到真实的数据，为评价输出正确的数值做准备。

任务要求 ||||

（1）了解自动测量特征中参数的含义。
（2）掌握阵列命令的运用。
（3）构造特征的运用（构造圆、特征组）。

任务实施

（一）相关知识

1. 自动测量矢量点

矢量点是指按照指定的矢量方向在指定的位置上测量一个点。"自动特征"设置界面如图 4-2-1 所示。

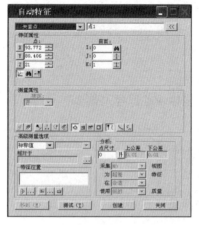

图 4-2-1 "自动特征"设置界面

（1）"特征属性"参数

① "X""Y""Z"：显示点特征位置的 X、Y 和 Z 标称值。

② 坐标切换：用于直角坐标系和极坐标系之间的切换。

● 极坐标：以极径、角度、Z 值的极坐标的方式显示特征坐标值。

● 直角坐标：以 X、Y、Z 直角坐标的方式显示特征坐标值。

③ 查找：根据"X""Y""Z"的值查找 CAD 图上最接近的 CAD 元素。

④ 从 CMM 上读取点：使用 CMM 读取测头当前位置作为矢量点的理论值。

⑤ "I""J""K"：曲面法线矢量，自动测点时的逼近矢量。

⑥ 查找矢量：用于沿着 X、Y、Z 点和 I、J、K 矢量刺穿所有曲面，以查找最接近的点。曲面法线矢量将显示为 I、J、K 标称矢量，但 X、Y、Z 值不会改变。

⑦ 翻转矢量：用于翻转矢量的方向。

⑧ 料厚补偿：用于补偿钣金件测量中实际零件的厚度，单击此按钮，会显示料厚输入框，选择料厚补偿的方式和输入料厚。

（2）"测量属性"参数

① 捕捉：如果使用此功能，所有偏差都将位于点的矢量方向。

② "测量属性"选项中各图标的含义见表 4-2-1。

表 4-2-1 "测量属性"选项中各图标的含义

图标	描　述	备　注
	测量开关：选中此项后，单击"创建"按钮，开始进行特征的测量，否则只生成程序	

续表

图标	描　述	备　注
	重测开关：选中此项后，将在第一次测量的基础上再测量一遍	
	自动匹配测量角度：PC-DMIS 软件将选择与特征最佳逼近方向最接近的测头位置。如果 PC-DMIS 软件可以找到处于测座角度公差以内的校验测尖，将使用这些测尖代替未校验测尖，以便获得更接近的角度匹配值	
	安全平面开关：选中此项后，PC-DMIS 软件将在第一个自动触测前插入一个"安全平面移动"命令（相对于当前坐标系统和零件原点）。当测量完特征上的最后一个测点后，测头将停留在测头深度处，直至被调用测量下一个特征。使用安全平面可减少需定义的中间移动，因而能减少编程时间	在 DCC 模式下有效，并且已定义安全平面
	圆弧移动开关：选中此项后，在测量时，测头移动轨迹为圆弧	仅适用于圆、圆柱、圆锥，对球是默认的
	显示触测位置开关：选中此项后，显示触测点	
	法向视图开关：沿着法向矢量方向显示图形	在 DCC 模式下有效
	水平视图开关：沿着与法向矢量方向垂直的方向显示图形	在 DCC 模式下有效
	测头工具栏开关：选中此项后，将显示测头工具栏	
	显示测量点开关	仅对测量过的特征有效

（3）"高级测量选项"参数

①　相对于：用于实现相对于已知特征的测量，可以使测量更准确，设定之后，CMM 会参照设定的已测量的特征进行测量。

②　理论值模式标称值：PC-DMIS 软件会对测定的特征与对话框中的理论数据进行比较，并将测定数据用于计算。

● 标称值：如果在列表中选择"标称值"，PC-DMIS 软件将刺穿 CAD 模型，以查找 CAD 棱（或曲面）上与测定点最接近的位置，然后将标称值设置为 CAD 元素上的这一位置。

● 主：PC-DMIS 软件将测定特征用作标称值，但不会更新对话框中的"X""Y""Z"值和直径数据。

● 矢量：仅适用于矢量点和曲面点。PC-DMIS 软件将使用最初的三个点计算近似的矢量来代替特征的矢量。PC-DMIS 软件将不判断特征的位置。

③　测试(T)：用于在创建之前测试所用参数是否合适。

④　创建：选择测量后，单击"创建"按钮，开始进行零件特征的测量，不选择测量，单击"创建"按钮，仅生成测量程序。

【举例】自动测量一个坐标值为 $X = 142$、$Y = 10$、$Z = 0$ 的矢量点（注意：降低机器运行速度）。

① 在 PC-DMIS 软件工具栏上单击 DCC 模式。

② 单击"插入"→"特征"→"自动"→"矢量点"菜单命令，打开"自动特征"对话框，如图 4-2-2 所示。

③ 设置相关参数，特别要注意位置、法线矢量中的值。

④ 激活测量选项，单击"创建"按钮，CMM 将自动测量指定的矢量点，同时创建程序，测量结果将记录在程序中。

2．自动测量矢量球

自动测量矢量球用于测量球体特征，如图 4-2-3 所示。

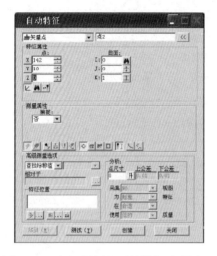

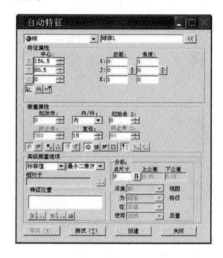

图 4-2-2　"自动特征"对话框（矢量点）　　　图 4-2-3　"自动特征"对话框（球）

"测量属性"参数如下。

① 起始角 2：球体上纬线方向的起始角度，如图 4-2-4 所示。

② 终止角 2：球体上纬线方向的终止角度，如图 4-2-5 所示。

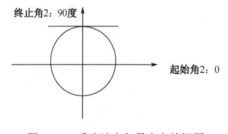

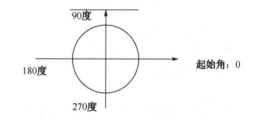

图 4-2-4　垂直法向矢量方向的视图　　　　图 4-2-5　沿着方向矢量的视图

【注意】其他测量参数参考自动测量圆的参数说明。

3．阵列功能

阵列功能适用于有规则排列的一系列特征的测量，使用阵列功能可以节省编程时间。阵列分为旋转阵列、平移阵列和镜像。

下面以旋转阵列为例，讲述阵列功能的操作步骤。

① 如图 4-2-6 所示，该零件围绕中心孔有 9 个均布孔，可以采用旋转阵列功能。

② 测量中心圆孔（圆 1），并将坐标系 X、Y 平移至中心圆，设置如图 4-2-7 所示。

③ 自动测量均布孔中的一个小圆（圆 2）。

④ 用鼠标标记"圆 2"程序语句块，单击鼠标右键，在打开的快捷菜单中选择"复制"

命令。

图 4-2-6 均布孔零件

图 4-2-7 坐标系设置页面

⑤ 单击"编辑"→"阵列"菜单命令，设定参数，旋转角度为30，然后单击"确定"按钮。

⑥ 确认将光标放在圆 2 的程序块后，单击"编辑"→"阵列粘贴"菜单命令，即可在编辑窗口中生成圆 3、圆 4、圆 5、圆 6、圆 7、圆 8、圆 9、圆 10 的测量程序语句。

⑦ 将圆 3、圆 4、圆 5、圆 6、圆 7、圆 8、圆 9、圆 10 标记后单击"执行"命令图标，即可自动测量这 9 个小圆，得到其实测值。

4．构造直线

如图 4-2-8 所示，构造一条过圆 1 和圆 2 圆心的连线，具体操作步骤如下。

① 用前面讲过的方法测量圆 1 和圆 2。

② 单击"插入"→"特征"→"构造"→"线"菜单命令，打开"构造线"对话框。

③ 在特征列表中选择"圆 1""圆 2"。

④ 在构造方法中选择"2 维线""最佳拟合"，具体设置如图 4-2-9 所示。

⑤ 单击"创建"按钮。

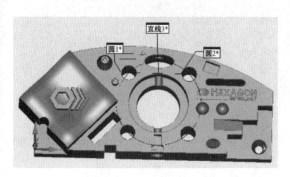

图 4-2-8 直线的构造

图 4-2-9 构造最佳拟合线

5．构造平行线

如图 4-2-10 所示，构造一条过圆 4 圆心、且平行于圆 1 圆 2 两个圆心连线的直线，具体操作步骤如下。

① 使用前面讲过的方法测量圆 1 和圆 2。

② 用最佳拟合方法构造直线 3。

③ 测量圆 4。

④ 单击"插入"→"特征"→"已构造"→"线"菜单命令，打开"构造线"对话框。

⑤ 在特征列表中选择"直线 3""圆 4"。

⑥ 在构造方法中选择"平行"。

⑦ 单击"创建"按钮，如图 4-2-11 所示。

【注意】选择特征时的顺序。用这种方法构造出的是一条通过第二个特征的质心且平行于第一个特征的直线。

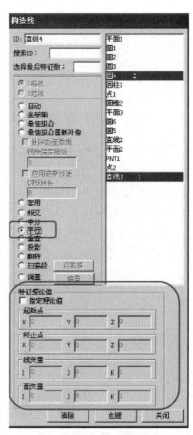

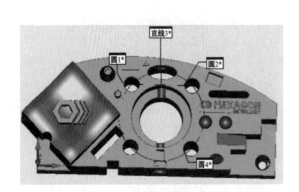

图 4-2-10　平行线的构造　　　　　　　　　　图 4-2-11　构造平行线

6．构造垂直线

如图 4-2-12 所示，构造一条过圆 4 圆心、且垂直相交于圆 1 圆 2 两个圆心连线的直线，具体操作步骤如下。

① 用前面讲过的方法测量圆 1 和圆 2。

② 用最佳拟合方法构造直线 3。

③ 测量圆 4。

④ 单击"插入"→"特征"→"构造"→"线"菜单命令，打开"构造线"对话框。

⑤ 在特征列表中选择"直线 3""圆 4"。

⑥ 在构造方法中选择"垂直"。

⑦ 单击"创建"按钮，如图 4-2-13 所示。

【注意】选择特征时的顺序。用这种方法构造出的是一条通过第二个特征的质心且垂直于第一个特征的直线。

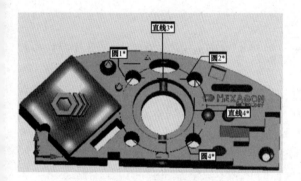

图 4-2-12　垂直线的构造

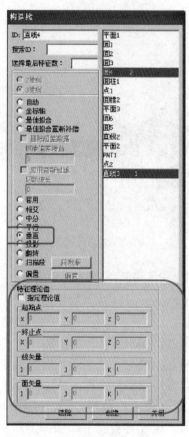

图 4-2-13　构造垂直线

7. 构造投影

如图 4-2-14 所示，构造直线 5 在平面 4 上的投影线，具体操作步骤如下。

① 单击"插入"→"特征"→"构造"→"线"菜单命令，打开"构造线"对话框。

② 在特征列表中选择"直线 5""平面 4"。

③ 在构造方法中选择"投影"。

④ 单击"创建"按钮，如图 4-2-15 所示。

【注意】"投影"的方法用于把第一个特征投影到第二个特征（或当前工作平面）上得到一条直线。第二个特征必须是平面（若不选第二个特征，则默认投影到当前工作平面）。

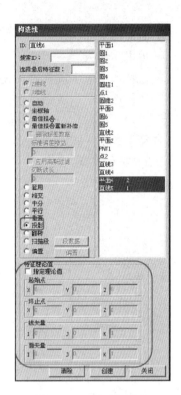

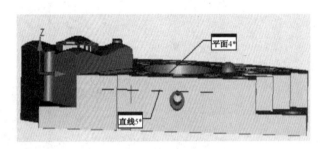

图 4-2-14　投影线的构造　　　　　　　　图 4-2-15　构造投影线

8. 构造偏置线

如图 4-2-16 所示，构造距"圆 3"50mm，"圆 4"100mm 的一条直线，具体操作步骤如下。

① PC-DMIS 软件将构造一条直线，每一个输入特征到直线的最短距离是相应的偏置值。PC-DMIS 软件将会使所有的偏置都处在垂直于给定曲面法线的方向上，并在估算点顺着触测方向应用负偏置，在逆着触测方向上应用正偏置。

② 如果没有触测方向，PC-DMIS 软件将会使用当前的工作平面来决定应用偏置的方向。正偏置将会应用在当前工作平面第三轴的正向。负偏置将会应用在当前工作平面第三轴的负向。

③ 单击"插入"→"特征"→"构造"→"线"菜单命令，打开"构造线"对话框。

④ 在特征列表中选择"圆 3""圆 4"。

⑤ 在构造方法中选择"偏置"。

⑥ 单击"偏置"按钮，弹出"直线偏置"对话框。

⑦ 在"直线偏置"对话框中，选中圆 3 的偏置量，然后单击，输入 50。

⑧ 在"直线偏置"对话框中，选中圆 4 的偏置量，然后单击，输入 100。

⑨ 选中"计算标称值"项。

⑩ 单击"计算"按钮。

⑪ 单击"确定"按钮。

⑫ 单击"创建"按钮，如图 4-2-17 所示。

【注意】偏置方法用于在距离输入特征的指定距离处构造直线。

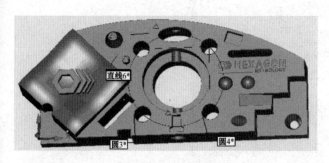

图 4-2-16　偏置线的构造

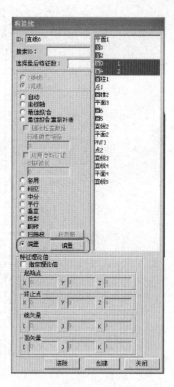

图 4-2-17　构造偏置线

9. 扫描数据构造一条直线

扫描数据构造一条直线的具体操作步骤如下。

① 单击"插入"→"特征"→"已构造"→"线"菜单命令，打开"构造线"对话框。

② 在特征列表中选择扫描数据"SCN1"。在构造方法中选择"扫描段""最佳拟合重新补偿"。

③ 选中"选择点"，在图形对话框中的扫描线的开始位置选择一个点，作为"近似起点"，在结束位置附近选择一个点作为"近似终点"。

④ 单击"确定"按钮，返回"构造线"对话框。

⑤ 单击"创建"按钮，如图 4-2-18 所示。

【注意】

① 这种方法仅适用于开放路径和闭合路径扫描。

② 在选择起始点和终止点时，只需在所需点的附近单击即可。

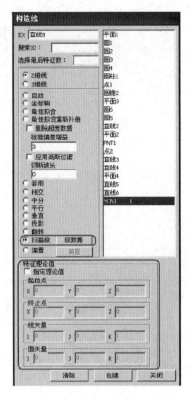

图 4-2-18　构造扫描段

10.　构造直线小结

构造直线小结见表 4-2-2。

表 4-2-2　构造直线小结

输 入 特 征	构 造 直 线
3 个或 3 个以上的特征	最佳拟合直线
任一特征（直线/特征组除外）	套用直线
任一特征组	最佳拟合直线
任意 2 个特征+偏置值	偏置直线
圆+圆	最佳拟合直线
圆+椭圆	最佳拟合直线
圆+点	最佳拟合直线
圆+特征组	最佳拟合直线
圆+槽	最佳拟合直线
圆+球体	最佳拟合直线
锥体+椭圆	与直线平行的直线
锥体+点	与直线平行的直线

输 入 特 征	构 造 直 线
锥体+特征组	与直线平行的直线
锥体+球体	与直线平行的直线
柱体+圆	与直线平行的直线
柱体+柱体	中线
柱体+椭圆	与直线平行的直线
柱体+点	与直线平行的直线
柱体+特征组	与直线平行的直线
柱体+球体	与直线平行的直线
椭圆+椭圆	最佳拟合直线
椭圆+特征组	最佳拟合直线
椭圆+球体	最佳拟合直线
直线	翻转直线
直线+圆	与直线平行的直线
直线+锥体	中线
直线+柱体	中线
直线+椭圆	与直线平行的直线
直线+直线	中线
直线+点	与直线平行的直线
直线+特征组	与直线平行的直线
直线+槽	中线
直线+球体	与直线平行的直线
点+椭圆	最佳拟合直线
点+点	最佳拟合直线
点+球体	最佳拟合直线
点+槽	最佳拟合直线
点+特征组	最佳拟合直线
平面+任意特征（平面除外）	射影直线
平面+平面	相交直线

11. 构造平面

如图 4-2-19 所示，构造一个垂直于直线 2 且经过圆 3 圆心的平面，具体操作步骤如下。

① 单击"插入"→"特征"→"构造"→"平面"菜单命令，打开"构造平面"对话框。

② 在构造方法中选择"垂直"。

③ 在特征列表中选择"直线 2""圆 3"。

④ 单击"创建"按钮，如图 4-2-20 所示。

143

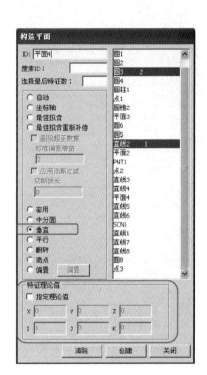

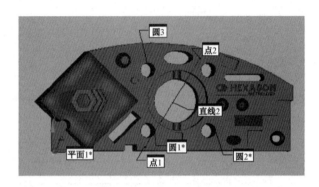

图 4-2-19　垂直平面的构造

图 4-2-20　构建垂直平面

12. 构造特征组

"构造特征集合"对话框如图 4-2-21 所示。

图 4-2-21　"构造特征集合"对话框

选择（或输入）特征组需要的所有特征，当单击"创建"按钮时，PC-DMIS 软件将计算所有输入质心的平均值，并显示带有新标识的特征组。

【注意】若选择的特征类型不当，PC-DMIS 软件会在状态栏上显示"无法构造[特征]。不接受输入特征的组合。"的提示信息。

构造特征组的操作步骤如下。

① 单击"插入"→"特征"→"构造"→"组"菜单命令，打开"构造特征集合"对

话框。

② 选择要包含在特征组中的特征。

③ 单击"创建"按钮。新特征组将被赋以特征 ID，并显示在图形显示窗口中。

以构造曲面特征组为例，构造后，在编辑窗口中显示的命令行为：

```
feature_name=FEAT/SET，TOG1，
THEO/x_cord，y_cord，z_cord，i_vec，j_vec，k_vec，
ACTL/x_cord，y_cord，z_cord，i_vec，j_vec，k_vec，
CONSTR/TOG2，feat_1，feat_2，feat_3...
TOG1=极坐标系或直角坐标系
TOG=集合
```

编辑窗口中显示的前三行对于所有构造特征组都是相同的。根据特征组中使用的不同特征数，第四行内容将有略微的差别。

在 PC-DMIS for Windows 中，特征组有两种用途。

① 特征组的轮廓误差。

如果使用 CAD 模型，则可以利用曲面上的测定点来构造特征组。当构造特征组的轮廓时，PC-DMIS 软件将报告最小垂直于曲面误差与最大垂直于曲面误差之间的区域。

② 特征组的平均值。

当利用输入特征构造特征组时，PC-DMIS 软件将平均输入特征的 X、Y 和 Z 值。例如，可以使用特征组来获取一系列测定点的 Z 平均值。

（二）操作实践

1. 实训任务

（1）触测 $Z+$ 平面上的特征（测头角度 A0B0），应用自动测量圆柱功能、自动测量矢量点功能、构造特征组功能。

（2）更改安全平面和工作平面的相关设置。

（3）触测 $Y-$ 平面上的特征（测头角度 A-90B0），应用自动测量圆功能、程序模式功能。

（4）触测 $Y+$ 平面上的特征（测头角度 A-90B180），应用程序模式功能、自动测量圆功能、构造直线功能。

（5）触测 $X-$ 平面上的特征（测头角度 A-90B-90），应用程序模式建立基准面。

2. 操作步骤

编写程序，一般有两种方法：第一种是根据需要评价的尺寸逐个触测，然后评价，这种方法的优点在于编写程序时不容易漏掉某个尺寸或特征，缺点是编写的速度较慢，并且程序实际运行时有可能会发生轨迹运行时间较长或重复转多次测头的情况发生，适用于初学者；第二种就是根据测头的角度，将该测头角度下的所有特征全部触测完成，最后再统一完成评价，优点是编写程序速度较快，并且实际运行时的轨迹线总长度较短，要求在编程前分析图纸要透彻，思路要清晰，对软件的应用有一定的基础，否则会适得其反，编程速度较慢且有碰撞的危险。

现在我们就根据分析图纸时的测量规划角度编写测量程序。触测点的位置要遵循的原则是广度均布，并且能够在同一个测头角度完成的触测尽量在同一个测头角度完成。

对应图纸，对需要评价的尺寸逐个进行特征触测。

（1）触测 $Z+$ 平面上的特征（测头角度 A0B0），应用自动测量圆柱功能、自动测量矢量点功能、构造特征组功能。

① 依据测量规划，尺寸 2 的垂直度评价，需要在 A0B0 的测头角度下触测一个内圆柱及一个平面，平面是基准面 A，也就是平面 2，无须重新触测，评价时直接选用即可。

触测方法：单击"插入"→"特征"→"自动"→"圆柱"菜单命令，打开"自动特征"对话框，单击模型上需要测量的圆柱。此时会自动生成圆柱的中心坐标、长度及矢量方向等相关参数信息，只需要根据实际情况稍加修改即可。设置相应参数如下：

每层测点：6；

开始深度：2；

结束深度：2.5（因为测针的半径为 2mm，所以结束的深度一定要大于 2mm，否则会干涉圆柱的底平面）；

层：3；

螺距：0；

样例点：0；

避让移动：否。

因为建立了坐标系，使用了安全平面，可以将"样例点"设置为 0，"避让移动"设置为否。

测量的位置如图 4-2-22 所示，圆柱的部分参数设置如图 4-2-23 所示。

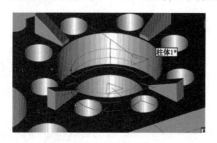

图 4-2-22　路径线显示

图 4-2-23　特征测量设置

单击"创建"按钮后，会在编辑窗口中生成圆柱 1 的程序段，此时圆柱 1 就测量完成了。

② 测量"尺寸 3 线轮廓度"需要的特征，要比较精准地测量出轮廓度的数值，这就要求测量机的软件和硬件配备扫描功能，但是标配的设备是没有此项功能的。不过，在没有扫描功能的情况下，也可以通过其他方法测量出线轮廓度的数值。

首先，使用自动测量矢量点功能，取出同一截面下的一系列点；然后构造成特征组；最后在评价时选取这"一系列点"的特征组。

自动测量矢量点的触测方法：单击"插入"→"特征"→"自动"→"点"→"矢量点"菜单命令，打开"自动特征"对话框，单击模型上需要测量的点，此时会自动生成点的坐标及矢量方向等相关参数信息，只需手动将点的 Z 值坐标更改为一个固定的值，如图 4-2-24 所示设置为 -5，其他的点使用同样的方法操作，最后生成 10 个点，如图 4-2-25 所示。

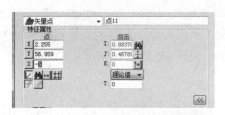

图 4-2-24　自动测量矢量点设置

图 4-2-25　自动生成点路径

　　构造特征组的方法：单击"插入"→"特征"→"构造"→"设置"菜单命令，弹出如图 4-2-26 所示的"构造特征集合"对话框，选取"点 2"~"点 11"，选取的点的颜色会发生改变，如图 4-2-27 所示，选择完这 10 个点后，单击"创建"按钮，生成"扫描 1"。

　　【注意】选择的点越多，越能够反映零件的真实情况。

图 4-2-26　"构造特征集合"对话框

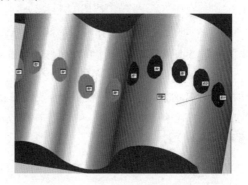

图 4-2-27　选中点颜色显示

　　③ 依据测量规划，触测"尺寸 4 面轮廓度"需要的特征，方法与线轮廓度的触测方法相近。

　　首先，使用自动测量矢量点功能，取出一系列点；然后构造成特征组；最后在评价时选取这"一系列点"的特征组。

　　自动测量矢量点的触测方法：单击"插入"→"特征"→"自动"→"点"→"矢量点"菜单命令，打开"自动特征"对话框，单击模型上所需要测量的点，生成 15 个点，如图 4-2-28 所示。然后构造成特征组：单击"插入"→"特征"→"构造"→"设置"菜单命令，在打开的"构造特征集合"对话框中，选择"点 12"~"点 26"，单击"创建"按钮，生成"扫描 2"，如图 4-2-29 所示。

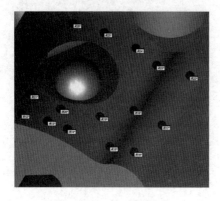

图 4-2-28　生成测量点

图 4-2-29　"构造特征集合"对话框

④ 触测"尺寸 5 倾斜度"所需要的特征。可以使用"程序模式"（快捷键【Ctrl+F4】）直接单击模型上需要触测的位置，如图 4-2-30 所示，所有的点触测完成后，再按键盘上的【End】键结束命令。此时在程序段中会生成平面 5，如图 4-2-31 所示。

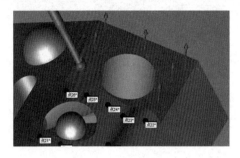

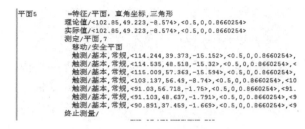

平面5　＝特征/平面,直角坐标,三角形
　　　理论值/<102.85,49.223,-8.574>,<0.5,0,0.8660254>
　　　实际值/<102.85,49.223,-8.574>,<0.5,0,0.8660254>
　　　测定/平面,7
　　　移动/安全平面
　　　触测/基本,常规,<114.244,39.373,-15.152>,<0.5,0,0.8660254>,
　　　触测/基本,常规,<114.535,48.518,-15.32>,<0.5,0,0.8660254>,<
　　　触测/基本,常规,<115.009,57.363,-15.594>,<0.5,0,0.8660254>,
　　　触测/基本,常规,<103.137,56.49,-8.74>,<0.5,0,0.8660254>,<10
　　　触测/基本,常规,<91.03,56.718,-1.75>,<0.5,0,0.8660254>,<91.
　　　触测/基本,常规,<91.103,48.637,-1.791>,<0.5,0,0.8660254>,<9
　　　触测/基本,常规,<90.891,37.459,-1.669>,<0.5,0,0.8660254>,<9
　　　终止测量/

图 4-2-30　触测斜面　　　　　　　　　　　　图 4-2-31　生成语句

⑤ 根据之前的图纸分析，触测"尺寸 9 对称度"中需要使用的圆柱孔。由于是对称度中的基准，所以不能使用圆柱功能，而要使用两个"圆"，再使用两个圆心构造出轴心线。

自动测量圆的方法：单击"插入"→"特征"→"自动"→"圆"菜单命令，打开"自动特征"对话框，单击模型上所需要测量的圆柱面。所拾取的路径如图 4-2-32 所示，自动生成圆的中心坐标及矢量方向等相关参数信息可能都不是理想的状态，具体参数的设置如图 4-2-33 所示。

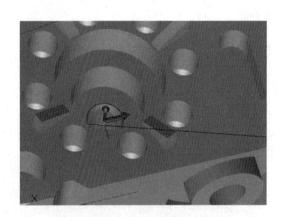

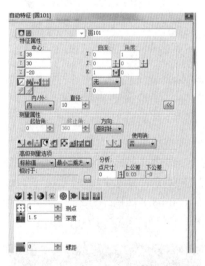

图 4-2-32　自动测量圆路径　　　　　　　　图 4-2-33　自动测量圆参数设置

因为中间有一个相贯孔，所以设置深度时要注意观察是否会触测到空位。设置相应参数：

起始角：0；

终止角：360；

每层测点：4；

深度：1.5；

螺距：0；

样例点：0；

避让移动：否。

因为建立了坐标系，使用了安全平面，可以将"样例点"设置为0，"避让移动"设置为否。

使用同样的方法再触测一个圆，选择圆柱面时，点的位置靠近零件底面的位置，将深度参数修改为-1.5，测量的位置如图4-2-34所示，单击"创建"按钮后，程序段会生成圆101和圆102。

两个圆生成之后，就用圆心构造成一条三维线，构造直线方法如下。

单击"插入"→"特征"→"构造"→"直线"菜单命令，弹出"自动特征"对话框，单击"3维线"，选择"最佳拟合"，然后拾取"圆101""圆102"，单击"创建"按钮，就会生成一条构造出的三维线11，如图4-2-35所示。

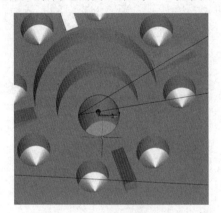

图4-2-34　圆柱测量位置

图4-2-35　三维线构造

根据测量规划，测头角度A0B0（Z+平面）所需要触测的特征已触测完成。

（2）触测测头角度A-90B0（Y-平面）所需要触测的特征。

因为需要转变测头角度，所以必须要更改安全平面，否则会发生碰撞的情况。

更改安全平面和工作平面的相关设置如下。

单击"编辑"→"参数设置"→"参数"→"安全平面"菜单命令，打开如图4-2-36所示的"安全平面"选项卡，激活平面的轴选择"Y负"，值为"-10"（此处要注意输入的数值为负数，在测量每一个特征之前，都会移动到Y负方向-10坐标位置）。经过平面则是当旋转测座时，测座经过的平面。经过平面的轴可以设置为"Z正"，值为"200"，注意一定要勾选"激活安全平面（开）"复选框，否则将不会打开安全平面。

修改工作平面：在设置工具栏中，将工作平面由"Z正"修改为"Y负"，如图4-2-37所示，工作平面可以理解为二维特征的投影平面。

图4-2-36　设置安全平面参数

图4-2-37　选择工作平面

将工作平面与安全平面设置好后，单击设置工具栏中的测头角度,选择角度为A-90B0,

如图 4-2-38 所示，选择后程序段会出现测头的程序语句，如图 4-2-39 所示。

安全平面/Y负，-10，Z正，200，开
工作平面/Y负
移动/安全平面
测尖/T1A-90B0，支撑方向 IJK=0，-1，0，角度=0
END OF MEASUREMENT FOR

图 4-2-38　选择测头角度　　　　　　　　　图 4-2-39　测头的程序语句

触测 $Y-$ 平面上的特征（测头角度 A-90B0），应用自动测量圆功能、程序模式功能。

① "尺寸 6 平行度"需要在 $Y-$ 平面上触测一个平面，可以使用"程序模式"（快捷键【Ctrl+F4】）直接单击模型上需要触测的位置，如图 4-2-40 所示，所有的点触测完成后，再按键盘上的【End】键结束命令。此时在程序段中会生成平面 6，如图 4-2-41 所示。

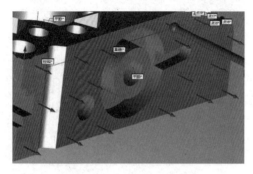

图 4-2-40　自动模式触测面　　　　　　　　图 4-2-41　自动测量面的程序段

② "尺寸 7 直线度"需要在孔的两端触测 3 个以上的圆（此处以触测 4 个圆为例，两端各 2 个圆），然后使用圆心构造出一条三维线。

自动测量圆的具体操作步骤如下。

单击"插入"→"特征"→"自动"→"圆"菜单命令，打开"自动特征"对话框，单击模型上需要测量的圆柱。此时会自动生成圆柱的中心坐标及矢量方向等相关参数信息，只需要根据实际情况稍加修改即可。设置相应参数：

每层测点：6；

深度：2；

螺距：0；

样例点：0；

避让移动：否。

因为建立了坐标系，使用了安全平面，可以将"样例点"设置为 0，"避让移动"设置为否。

测量的位置如图 4-2-42 所示，自动测量圆的部分参数设置如图 4-2-43 所示。

使用同样的方法再触测一个圆，将深度参数修改为 6，测量的位置如图 4-2-44 所示，自动测量圆的部分参数设置如图 4-2-45 所示。单击"创建"按钮后，程序段中会生成圆 1和圆 2。

③ "尺寸 9 对称度"需要在 $Y-$ 平面与 $Y+$ 平面上触测一系列单点，再构造成特征组，现在先触测 $Y-$ 平面上的单点。

【注意】在构造特征组时，$Y-$ 平面与 $Y+$ 平面上触测一系列单点的数量要一致，并且在构造时选取点的顺序应为对称选取。

触测方法：单击"插入"→"特征"→"自动"→"点"→"矢量"菜单命令，打开"自动特征"对话框，单击模型上所需要测量的点。生成 9 个点（"点 27"～"点 35"），如图 4-2-46 所示。

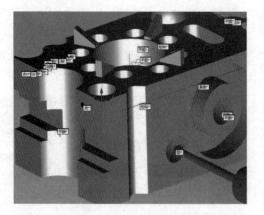

图 4-2-42　自动触测圆位置

图 4-2-43　自动测量圆参数设置

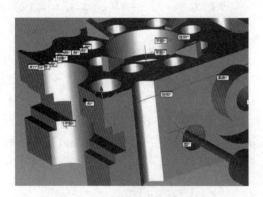

图 4-2-44　深度修改后的位置

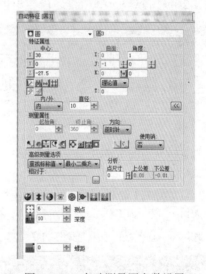

图 4-2-45　自动测量圆参数设置

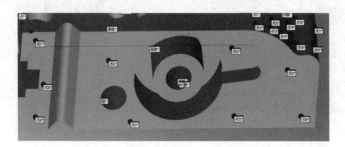

图 4-2-46　选择自动测量矢量点

根据测量规划，测头角度 A-90B0（Y-平面）所需要触测的特征已触测完成。

（3）触测测头角度 A-90B180（Y+平面）所需要触测的特征。

因为需要转变测头角度，所以必须要更改安全平面，否则会发生碰撞的情况。

更改安全平面和工作平面：单击"编辑"→"参数设置"→"参数"→"安全平面"菜单命令，打开"安全平面"选项卡，如图 4-2-47 所示，激活平面的轴选择"Y 正"，值为"70"。经过平面则是当旋转测座时，测座经过的平面。经过平面的轴可以设置为"Z 正"，值为"200"，注意一定要勾选"激活安全平面（开）"复选框，否则将不会打开安全平面。

修改工作平面：在设置工具栏中，将工作平面"Z 正"修改为"Y 正"，如图 4-2-48 所示，工作平面可以理解为二维特征的投影平面。

图 4-2-47 设置安全平面参数

图 4-2-48 更改工作平面

将工作平面与安全平面设置好后，单击设置工具栏中的测头角度，选择角度 A-90B180，如图 4-2-49 所示，选择后程序段会出现测头的修改程序语句，如图 4-2-50 所示。

图 4-2-49 更改测头角度

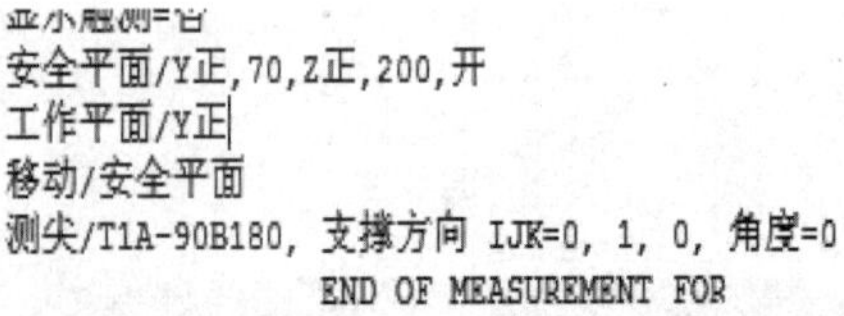

```
最小题测？？
安全平面/Y正,70,Z正,200,开
工作平面/Y正
移动/安全平面
测尖/T1A-90B180, 支撑方向 IJK=0, 1, 0, 角度=0
END OF MEASUREMENT FOR
```

图 4-2-50 测头的修改程序语句

触测 Y+ 平面上的特征（测头角度 A-90B180），应用程序模式功能、自动测量圆功能、构造直线功能。

① "尺寸 1 平面度"，可以使用"程序模式"（快捷键【Ctrl+F4】）直接单击模型上需要触测的位置，如图 4-2-51 所示，所有的点触测完成后，再按键盘上的【End】键结束命令。此时在程序段中会生成平面 7，如图 4-2-52 所示。

图 4-2-51 程序模式触测面

图 4-2-52 触测面程序段

② "尺寸 6 平行度"需要在 Y+ 平面上触测一个平面，与"尺寸 1 平面度"触测的平面为同一平面，不需要重复触测。

③ "尺寸 7 直线度"需要在 A-90B180 的测头角度下再触测 2 个圆，再结合之前的"圆 1"与"圆 2"，就可以使用 4 个圆的圆心构造出一条三维线。

自动测量圆的方法如下。

单击"插入"→"特征"→"自动"→"圆"，打开"自动特征"对话框，单击模型上所需要测量的圆柱。此时由于孔的上层还有一个腰型槽，所拾取的路径如图 4-2-53 所示，自动生成圆的中心坐标及矢量方向等相关参数信息可能都不是理想的状态，自动测量圆参数设置如图 4-2-54 所示。

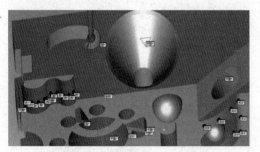

图 4-2-53　显示自动测量圆路径

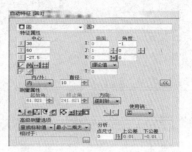

图 4-2-54　自动测量圆参数设置

可以通过观察轨迹线，对所需参数进行修改。设置相应参数：

起始角：0；

终止角：360；

每层测点：6；

深度：8；

螺距：0；

样例点：0；

避让移动：否。

因为建立了坐标系，使用了安全平面，可以将"样例点"设置为 0，"避让移动"设置为否。

正确的触测位置如图 4-2-55 所示，自动测量圆的部分参数设置如图 4-2-56 所示。

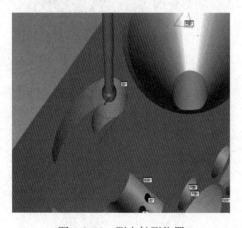

图 4-2-55　测尖触测位置

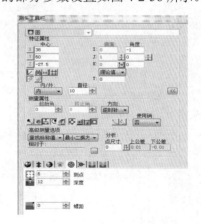

图 4-2-56　触测参数设置

使用同样的方法再触测一个圆，将深度参数修改为 22，测量位置如图 4-2-57 所示，自动测量圆的部分参数设置如图 4-2-58 所示。单击"创建"按钮后，程序段会生成圆 3 和圆 4。

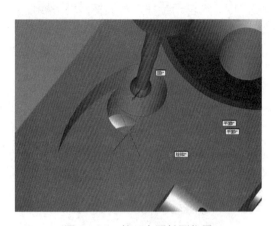

图 4-2-57　第二个圆触测位置

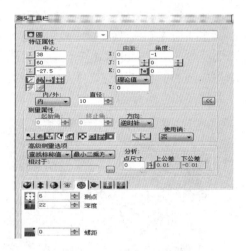

图 4-2-58　自动测量圆参数设置

4 个圆生成之后，就用圆心构造成一条三维线，构造方法如下。

单击"插入"→"特征"→"构造"→"直线"菜单命令，如图 4-2-59 所示，弹出"构造线"对话框，选中"3 维线""最佳拟合"，然后拾取"圆 1""圆 2""圆 3""圆 4"，单击"创建"按钮，如图 4-2-60 所示，就会生成一条构造出的三维线。

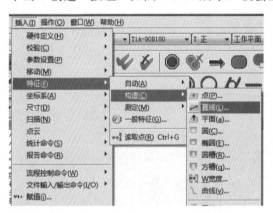

图 4-2-59　选择构造选项

图 4-2-60　选择构造特征

④ "尺寸 9 对称度"需要在 Y– 平面与 Y+ 平面上触测一系列单点，再构造成特征组，现在触测 Y+ 平面上的单点。

触测方法：单击"插入"→"特征"→"自动"→"点"→"矢量点"菜单命令，打开"自动特征"对话框，单击模型上需要测量的点，生成 9 个点（"点 36"～"点 44"），如图 4-2-61 所示。然后构造成特征组：单击"插入"→"特征"→"构造"→"设置"菜单命令，选择"点 36"～"点 44"，注意选取的顺序是对称选取，单击"创建"按钮，生成"扫描 3"，如图 4-2-62 所示。

图 4-2-61　选择扫描点　　　　　　　　　图 4-2-62　生成"扫描 3"

根据测量规划，测头角度 A-90B180（$Y+$ 平面）所需要触测的特征已触测完成。

（4）触测测头角度 A-90B-90（$X-$ 平面）所需要触测的特征。

因为需要转变测头角度，所以必须要更改安全平面，否则会发生碰撞的情况。

更改安全平面和工作平面：单击"编辑"→"参数设置"→"参数"→"安全平面"菜单命令，打开的"安全平面"选项卡如图 4-2-63 所示，激活平面的轴选择"X 负"，值为"-10"。经过平面则是当旋转测座时，测座经过的平面。经过平面的轴可以设置为"Z 正"，值为"300"，注意一定要勾选"激活安全平面（开）"复选框，否则将不会打开安全平面。

修改工作平面：在设置工具栏中，将工作平面"Y 正"修改为"X 负"，如图 4-2-64 所示。

图 4-2-63　设置安全平面参数

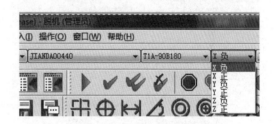

图 4-2-64　更改工作平面

将工作平面与安全平面设置好后，单击设置工具栏中的测头角度，选择角度为 A-90B-90，如图 4-2-65 所示，选择后程序段会出现测头的修改程序语句，如图 4-2-66 所示。

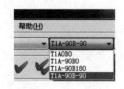

图 4-2-65　更改测头角度

```
安全平面/X负,-10,Z正,300,开
工作平面/X负
移动/安全平面
测尖/T1A-90B-90, 支撑方向 IJK=-1, 0, 0, 角度=-90
                    END OF MEASUREMENT FOR
```

图 4-2-66　测头的修改程序语句

触测 $X-$ 平面上的特征（测头角度 A-90B-90）应用"程序模式"触测生成基准面，接着即可继续触测 $X-$ 平面上所需的特征。

"尺寸 8 位置度"可以使用"程序模式"（快捷键【Ctrl+F4】）直接单击模型上需要触测的位置，如图 4-2-67 所示，所有的点触测完成后，再按键盘上的【End】键结束命令。此时在程序段中会生成平面 8，如图 4-2-68 所示。

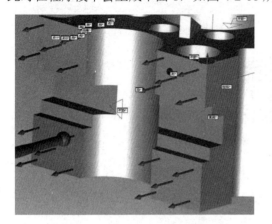

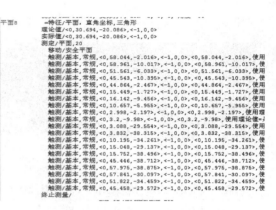

图 4-2-67　程序模式触测点选择　　　　图 4-2-68　触测完成后的程序段

这样，程序的自动编写已经完成，接着就是依照顺序，一个一个评价，生成报告。

 想一想

1．在构造特征组时，应该要注意哪些方面？

_____

_____

2．简述使用自动测量矢量点的方法。

_____

_____

3．如何切换自动测量矢量点功能中的坐标位置表达方式。

_____

_____

任务3　公差评价及检测报告输出

 任务描述

在完成所需触测的特征后，逐个输出评价报告，并将报告输出成打印版的模式。

任务要求

（1）理解几何误差评价的运用。

（2）熟练掌握几何误差对话框的参数设置。

（3）掌握检测报告的保存与打印输出。

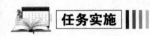

任务实施

（一）相关知识

1．平面度评价

平面度评价选项用于计算一个平面的平面度，此平面至少应测 4 点或者更多，点数越多越能反映其真实的平面度。公差只给出一个值，此值表示了两个包含测量平面的平行平面间的距离值。

单击"插入"→"尺寸"→"平面度"菜单命令，打开"平面度形位公差"对话框中，在实体上直接拾取所需要的平面或在"特征"列表中单击"平面 7"，然后在"特征控制框编辑器"中输入公差值"0.1"，如图 4-3-1 和图 4-3-2 所示。

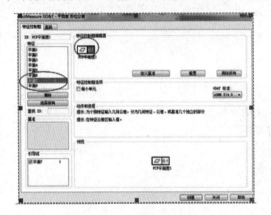

图 4-3-1 平面度评定选项

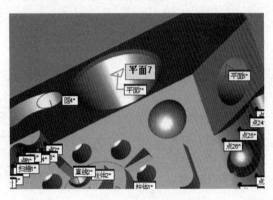

图 4-3-2 平面度特征选项

① 在"特征"列表中选择测量过的特征进行评价（注意：在程序中把光标的位置放在程序的最后才可以显示所有测量过的特征，如果选错了想要评价的特征，单击"清除所有"按钮可以删除选择的特征，单击"重置"按钮可以重新选择想要评价的特征）。

② 在公差框中输入公差值（如果需要在这个测量平面上选择一个小的单元进行评价，选中"特征控制框选项"中的"每个单元"复选框，在"特征控制框编辑器"窗口会出现一个小的平面范围供选择输入）。

③ 在"高级"选项卡的"单位"中选择"英寸"或"毫米"，如图 4-3-3 所示。

④ 选择要将尺寸信息输出到何处。在"高级"选项卡的"报告和统计"中，选择"统计"、"报告"、"两者"或"无"选项。

⑤ 如果想在图形显示窗口中浏览尺寸信息，则选择"当这个对话框关闭时创建尺寸信息"复选框。

⑥ 单击"创建"按钮，可以得到我们需要的平面度尺寸信息。

图 4-3-3 "单位"选择英制或公制

2. 线、面轮廓度

线、面轮廓度分析分为曲线、曲面轮廓度误差两个功能，分别计算二维和三维曲线轮廓度误差。这个尺寸计算可以是单边的，也可以是双边的，单边只有正公差（上公差），负公差（下公差）为零。双边则正、负公差都需要输入，如图 4-3-4 所示。

图 4-3-4 特征控制框选项

① 如果仅选择"形状"选项，只需输入上公差。

② 如果选择"形状和位置"选项，公差输入既可以是单边的也可以是双边的。

线轮廓度评价界面如图 4-3-5 所示，面轮廓度评价界面如图 4-3-6 所示。

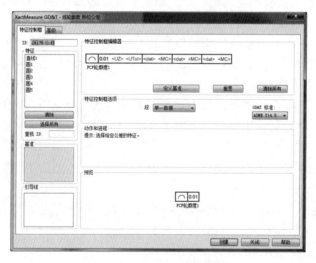

图 4-3-5 线轮廓度评价界面

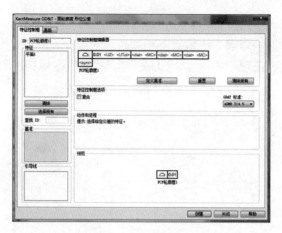

图 4-3-6　面轮廓度评价界面

　　由于是通过坐标计算的轮廓度偏差，建议坐标系应根据基准进行建立。类似的情况在位置度里也适用，即这两个尺寸的计算坐标系最好都建立在尺寸基准上。

3．倾斜度

　　倾斜度用来评价线与线之间、线与面之间和面与面之间等的倾斜程度。它与夹角尺寸评价之间的关系，类似于位置评价和位置度评价之间的关系。即倾斜度不仅要考虑被测要素与基准特征之间的夹角偏差，而且还要考虑被测要素的形状偏差。

　　倾斜度尺寸评价的操作步骤如下。

　　① 单击"插入"→"尺寸"→"倾斜度"菜单命令，打开"倾斜度形位公差"对话框，如图 4-3-7 所示。

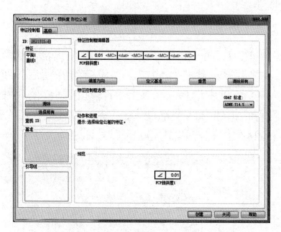

图 4-3-7　"倾斜度形位公差"对话框

　　② 单击"定义基准"按钮，根据实际情况定义基准，如图 4-3-8 所示。

图 4-3-8　定义基准

③ 在"特征"列表中选择特征尺寸。

④ 在"特征控制框编辑器"中输入上公差值。

⑤ 在"特征控制框选项"中设定"GD&T 标准",如图 4-3-9 所示。

图 4-3-9　设定"GD&T 标准"

⑥ 选择要将尺寸信息输出到何处。选择"统计和报告"中的"两者"选项。

⑦ 通过"报告文本分析"和"报告图形分析"文本框,选择是否想要分析选项。如果选中"报告图形分析"复选框,需要输入"箭头增益"。

⑧ 如果需要在图形显示窗口中显示尺寸信息,选中"尺寸信息"选项中的"当这个对话框关闭时创建尺寸信息"复选框,并单击"编辑"按钮,选择希望在图形显示窗口中显示的尺寸信息格式。

⑨ 单击"创建"按钮。

4. 位置度评价

位置度评价界面如图 4-3-10 所示,在"特征控制框编辑器"选项中,可以创建特征控制框(FCF)尺寸信息并将其插入零件程序中。当没有选择使用传统尺寸菜单项目时,只要在"插入"→"尺寸"子菜单中选择一个支持的特征控制框的尺寸信息即可。

"位置度形位公差"对话框包含两个选项卡:"特征控制框"和"高级"。每一个选项卡包含很多选项,用于构造特征控制框和相关联的尺寸信息。

图 4-3-10　位置度评价界面

5．对称度评价

对称度用于评价两个特征相对于一个基准的对称情况，所以对称度的评价首先要有一个基准，并且这个基准必须是直线或平面。在 PC-DMIS 软件中对称度主要用来计算一个点特征组或两条反向直线特征组相对于基准的对称情况。构造特征组的路径：单击"插入"→"特征"→"构造"→"特征组"菜单命令，打开"构造特征集合"对话框，如图 4-3-11 所示。

评价对称度的具体操作步骤如下。

① 单击"插入"→"尺寸"→"对称度"菜单命令，打开"对称度形位公差"对话框。

② 在"特征"列表中选择要评价的特征组。

③ 单击"定义基准"按钮，创建评价特征所需要的基准，如图 4-3-12 所示。

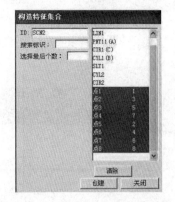

图 4-3-11　"构造特征集合"对话框

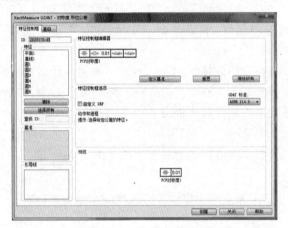

图 4-3-12　对称度特征控制框

④ 在公差文本框中输入正公差值。

⑤ 在"高级"选项卡的"单位"中选择"英寸"或"毫米"。

⑥ 选择尺寸信息输出的位置，选择"统计"、"报告"、"两者"或"无"选项。

⑦ 如果想在图形显示窗口显示尺寸信息请激活显示选项。

⑧ 如果在"尺寸信息"选项中选择了"当这个对话框关闭时创建尺寸信息"复选框，单击"编辑"按钮，定义在图形显示窗口中显示的尺寸信息格式。

⑨ 单击"创建"按钮，得到要评价的特征的对称度，如图 4-3-13 所示。

【举例】下面以一个实例来介绍对称度的评价过程，如图 4-3-14 所示，评价平面 B 和平面 C 的对称度，具体的操作步骤如下。

① 首先测量平面 1、平面 2（注意至少测量 4 个点）。

② 构造平面 1、平面 2 的中分面，得到基准平面 A。

③ 在平面 B 上依次测量 4 个矢量点"点 1""点 2""点 3""点 4"。

④ 在平面 C 上依次测量 4 个矢量点"点 5""点 6""点 7""点 8"。

图 4-3-13　"高级"选项卡

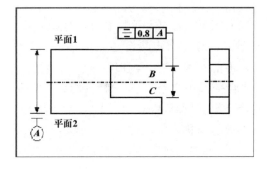

图 4-3-14　所需评价尺寸

⑤ 单击"插入"→"特征"→"构造"→"特征组"菜单命令，打开"构造特征组"对话框。

⑥ 按照顺序选择"点 1""点 5"、"点 2""点 6"、"点 3""点 7"、"点 4""点 g"，注意：在选择时要按交替顺序进行，即选平面 B 上一点 1，再选平面 C 上一点 5，再选平面 B 上一点 2，再选平面 C 上一点 6……

⑦ 单击"创建"按钮，得到特征组"SCN2"，关闭"构造特征组"对话框。

⑧ 在主菜单中选择"插入"→"尺寸"→"对称度"命令，打开"对称度"对话框。

⑨ 单击"定义基准"按钮，将平面 A 定义为基准。

⑩ 在"特征"列表中选择"SCN2"。

⑪ 单击"创建"按钮，即可得到所要评价的平面 B 和平面 C 的对称度，如图 4-3-15 所示。

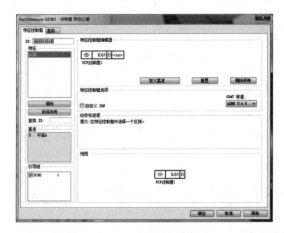

图 4-3-15　对称度评价界面

垂直度、平行度评价的相关知识同倾斜度评价的相关知识。

直线度评价的相关知识同平面度评价的相关知识。

（二）操作实践

1．实训任务

（1）平面度评价。

（2）垂直度评价。

（3）线轮廓度评价。

（4）面轮廓度评价。

（5）倾斜度评价。

（6）平行度评价。

（7）直线度评价。

（8）位置度评价。

（9）对称度评价。

（10）碰撞检测。

（11）输出 Excel 格式报告。

2．操作步骤

（1）平面度评价。

尺寸 1 评价方法：单击"插入"→"尺寸"→"平面度"菜单命令，弹出"平面度形位公差"对话框，在实体上直接拾取所需要的平面，或者在"特征"列表中选择"平面 7"，然后在"特征控制框编辑器"中输入公差值"0.1"，如图 4-3-16 和图 4-3-17 所示，单击"创建"按钮即可。

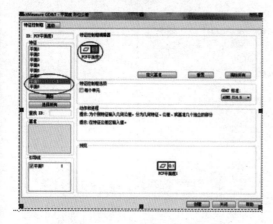

图 4-3-16　平面度评价界面

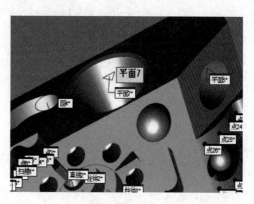

图 4-3-17　选择平面度特征

（2）垂直度评价。

尺寸 2 评价方法：单击"插入"→"尺寸"→"垂直度"菜单命令，弹出"垂直度形位公差"对话框，图纸上标注有基准 A，第一步要先定义基准，单击"定义基准"按钮，弹出"基准定义"对话框，在基准位置输入符号"A"，在实体上直接拾取所需要的平面，或者在"特征"列表中选择"平面 2"，如图 4-3-18 和图 4-3-19 所示，单击"创建"按钮即可。

第二步的方法同尺寸 1 的，拾取被测要素的圆柱 1，或者直接在"特征"列表中选择"柱体1"，然后在"特征控制框编辑器"中输入公差值"0.1"，基准选择"A"，单击"创建"按钮，如图 4-3-20 所示。

（3）线轮廓度评价。

尺寸 3 评价方法：单击"插入"→"尺寸"→"轮廓度"→"线轮廓度"菜单命令，

箱体类零件的自动测量

弹出"线轮廓度形位公差"对话框，然后拾取被测要素的扫描 1，或者直接在"特征"列表中选择"扫描 1"，然后在"特征控制框编辑器"中输入公差值"0.1"，单击"创建"按钮，如图 4-3-21 和图 4-3-22 所示。

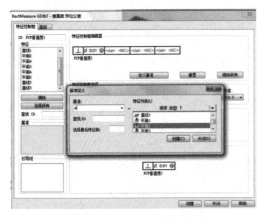

图 4-3-18　垂直度评价界面

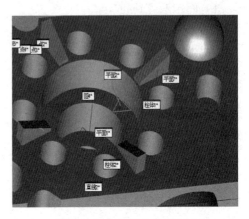

图 4-3-19　选择垂直度特征

图 4-3-20　选择垂直度基准

图 4-3-21　线轮廓度公差设置界面

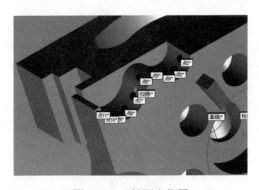

图 4-3-22　触测点位置

（4）面轮廓度评价。

尺寸 4 评价方法：单击"插入"→"尺寸"→"轮廓度"→"面轮廓度"菜单命令，弹出"面轮廓度形位公差"对话框，拾取被测要素的扫描 2，或者直接在"特征"列表中选择"扫描 2"，然后在"特征控制框编辑器"中输入公差值"0.1"，单击"创建"按钮，如图 4-3-23 和图 4-3-24 所示。

图 4-3-23　面轮廓度公差设置

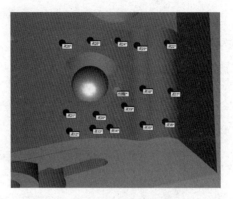

图 4-3-24　面轮廓度触测点

（5）倾斜度评价。

尺寸 5 评价方法：单击"插入"→"尺寸"→"倾斜度"菜单命令，弹出"倾斜度形位公差"对话框，拾取被测要素的平面 5，或者直接在"特征"列表中选择"平面 5"，然后在"特征控制框编辑器"中输入公差值"0.05"。因为之前已经定义过基准 A 了，所以在此处直接选择基准"A"，单击"创建"按钮即可，如图 4-3-25 和图 4-3-26 所示。

图 4-3-25　倾斜度评价界面

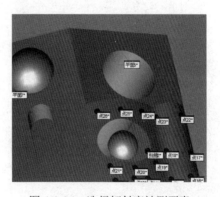

图 4-3-26　选择倾斜度被测要素

（6）平行度评价。

尺寸 6 评价方法：单击"插入"→"尺寸"→"平行度"菜单命令，弹出"平行度形位公差"对话框，图纸上标注有基准 B，第一步要先定义基准，单击"定义基准"按钮，弹出"基准定义"对话框，在基准位置输入符号"B"，在实体上直接拾取所需要的平面，或者在"特征"列表中选择"平面 2"，如图 4-3-27 和图 4-3-28 所示，单击"创建"按钮。

第二步的方法同尺寸 1 的，拾取被测要素的圆柱 1，或者直接在"特征"列表中选择

"柱体 1",然后在"特征控制框编辑器"中输入公差值"0.1",基准选择"A",单击"创建"按钮,如图 4-3-29 所示。

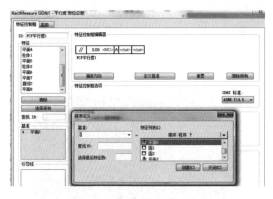

图 4-3-27 平行度评价界面

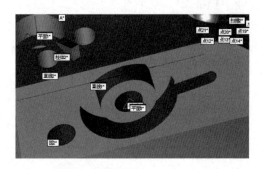

图 4-3-28 选择平行度基准

图 4-3-29 平行度基准设置界面

(7)直线度评价。

尺寸 7 评价方法:单击"插入"→"尺寸"→"直线度"菜单命令,弹出"直线度形位公差"对话框,拾取被测要素的扫描 1,或者直接在"特征"列表中选择"扫描 1",然后在"特征控制框编辑器"中输入公差值"0.1",单击"创建"按钮,如图 4-3-30 和图 4-3-31所示。

(8)位置度评价。

尺寸 8 评价方法:单击"插入"→"尺寸"→"位置度"菜单命令,弹出"位置度形位公差"对话框,图纸上标注有基准 A、B、C,其中基准 A、B 在之前已经完成定义,现在只需要定义基准 C 即可。单击"定义基准"按钮,弹出"基准定义"对话框,在基准位置输入符号"C",在实体上直接拾取所需要的平面,或者在"特征"列表中选择"平面 8",如图 4-3-32 和图 4-3-33 所示,单击"创建"按钮。

第二步的方法同尺寸 1 的,拾取被测要素的圆柱 1,或者直接在"特征"列表中选择

"柱体 1",然后在"特征控制框编辑器"中输入公差值"0.1",并选择Ⓜ,第一基准选择"A",第二基准选择"B",第三基准选择"C",单击"创建"按钮即可,如图 4-3-34 所示。

图 4-3-30 直线度评价界面

图 4-3-31 直线度完成后的界面

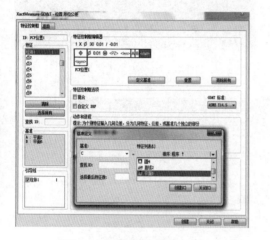

图 4-3-32 位置度评价界面

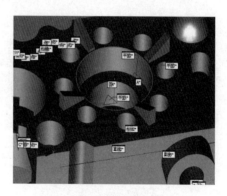

图 4-3-33 选择位置度基准

图 4-3-34 选择位置度公差

(9)对称度评价。

尺寸 9 评价方法:单击"插入"→"尺寸"→"对称度"菜单命令,弹出"对称度形位公差"对话框，图纸上标注有基准 *D*，单击"定义基准"按钮，弹出"基准定义"对话框，在基准位置输入符号"D"，在实体上直接拾取所需要的平面，或者在"特征"列表中选择之前构造的"直线 11"，如图 4-3-35 和图 4-3-36 所示，单击"创建"按钮。

第二步的方法同尺寸 1 的，拾取被测要素的扫描 3，或者直接在"特征"列表中选择"扫描 3"，然后在"特征控制框编辑器"中输入公差值"0.1"，单击"创建"按钮，如图 4-3-37 所示。

图 4-3-35　对称度基准设置界面

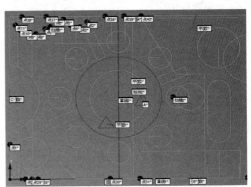

图 4-3-36　实体选择界面

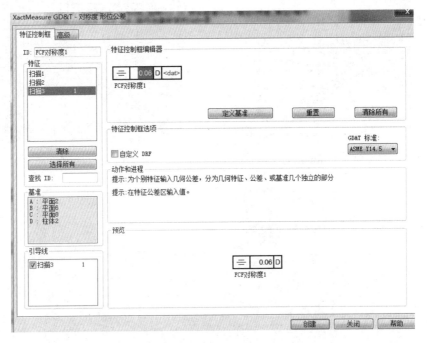

图 4-3-37　对称度公差设置界面

（10）碰撞检测。

程序的路径以及评价的输出都已完成，现在开始进行碰撞检测。

① 打开路径线。操作方法如下：在主菜单中单击"视图"→"路径线"菜单命令，如图 4-3-38 所示，路径线显示界面如图 4-3-39 所示。

② 碰撞检测。操作方法如下：在主菜单中单击"操作"→"图形显示窗口"→"碰撞

检测"菜单命令，如图 4-3-40 所示。此时会自动弹出对话框，单击"🔲"碰撞时停止图标，再单击"🔵"继续图标，"碰撞检测"对话框如图 4-3-41 所示。因为程序的初建坐标系为手动建立，所以需要连续单击"🔵"继续图标，当程序运行到自动运行的指令后，就会自动执行，并且在编辑窗口中可以看到程序运行到哪一行。绿色为已运行的程序段，蓝色则为正在运行的程序段，碰撞显示界面如图 4-3-42 所示。如果发生碰撞则轨迹线会变为红色，如果没有碰撞停止，即为程序完成。

图 4-3-38 "路径线"菜单命令

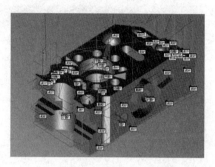

图 4-3-39 路径线显示界面

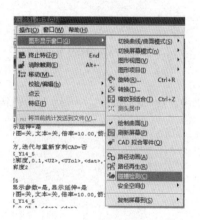

图 4-3-40 "碰撞检测"菜单命令

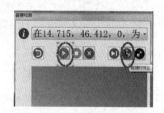

图 4-3-41 "碰撞检测"对话框

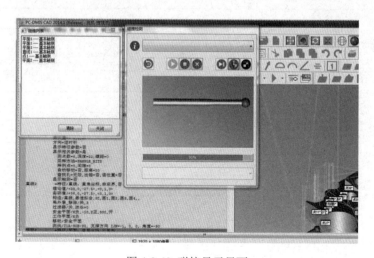

图 4-3-42 碰撞显示界面

（11）输出 Excel 格式报告。

① 设置报告输出的格式及存储的位置。

单击"文件"→"打印"→"报告窗口打印设置"菜单命令，弹出"输出配置"对话框，在"报告"选项卡中，选中"自动"单选按钮，选择报告输出的位置，如图 4-3-43 所示，此处设置生成 PDF 报告；在"Excel"选项卡中选中"自动索引"单选按钮，选择存储的位置、输出的格式为"XLS"，必要时还可以修改索引的序号，如图 4-3-44 所示。

图 4-3-43　PDF 报告输出选择

图 4-3-44　Excel 报告输出选择

② 从头开始执行程序。

在编辑窗口中单击鼠标右键，在打开的快捷菜单中，选择"执行"→"从头开始执行"，或者按快捷键【Ctrl+Q】，程序完成后，检查报告。

💡 想一想

1. 简述输出平行度时需要设置的参数有哪些。

_____

_____

2. 简述 Excel 格式报告输出的方法。

_____

_____

3. 简述定义基准的操作步骤。

_____

_____

_____

机械检测的发展及新技术

● 项目描述 ●

随着科技的进步，机械检测技术日新月异，不断有新技术的发展、应用，机械检测技术又会有怎样的发展？新技术又会有怎样的应用呢？

● 项目分析 ●

1. 分析机械检测的现状及问题、机械检测的发展导向
2. 分析数字化检测的概念及特点、数字化检测的实现及基本流程，以及数字化检测的优势及发展
3. 分析精密测量的现状及发展趋势

● 项目实施 ●

任务1　认知机械检测的发展方向

相关知识

1. 机械检测的现状及问题

随着制造业规模的扩大和技术的发展，检测设备越来越普遍地被各相关部门和车间应用，如图 5-1-1 所示。但诸多检测设备的管理和测量信息的收集成为日趋明显的问题。

● 如何统一管理各部门的测量数据？
● 如何快速利用检测数据指导产品制造？
● 如何管理供应商检测数据？
● 如何保证检测信息的共享和保密管理，让各部门得到自己所需的检测信息，以便高效地工作？
● 如何将现场手动量具的检测数据纳入数据库管理？

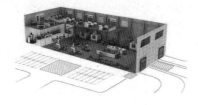

图 5-1-1　现代化工厂的众多测量设备

世界先进国家十分重视测量技术在制造过程中的应用水平。先进的测量原理不断地充实测量技术，仪器的功能不断提高，高端的测量方法继续向生产靠拢，促进了在线、原位测量技术的发展和应用。目前比较活跃、与我国制造业密切相关的测量技术可以归纳为以下几方面。

① 数字化测量技术及其量具不断丰富和发展，适合并满足了生产现场不断提高的使用要求。各种带有测量数据统计处理功能及打印输出功能的测量仪器，已经在生产一线广泛应用；德国 Klingelnberg 公司、美国 M&M 及 Mahr 公司的齿轮测量中心，其仪器的测量不确定度可达 2μm，可检测各种齿轮类零件及各种齿轮刀具；Zoller、Kelch 等公司 CCD 数字式对刀仪系列产品测量过程全自动化，具有刀具管理数据库，能与多台数控机床通信，自动实现机床加工位置参数信息的闭环反馈（图 5-1-2）。

图 5-1-2　Zoller、Kelch 公司生产的数字式对刀仪

数字化测量技术及量具量仪推动数控刀具制造技术的发展。数控刀具的材料机体检测、涂层检测、刀片检测、刀具的在机检测技术，以及工具系统检测技术，呈现以下动向：数控刀具制造质量的检测从主要满足刀具宏观几何形状的尺寸精度要求转向更加关注切削刃口微观形貌的质量要求；对数控刀具的材质的微观冶金结构、金相组织，以及反映其内在质量的力学性能、物理化学性能进行数字化分析、检测和控制的相关技术及仪器得到了重视和发展；先进数控刀具材料制造技术和涂层技术不断开发，伴随着可避免人为因素影响测量结果准确性的非接触式激光涂层附着力测量技术的发展。为了满足数控机床和装备制造的高精度、高分辨力、高速高效、多参数现场检测的需求，世界上几家主要的激光测量仪器供应商相继推出了小型化、高性能、多功能、操作更方便的新型激光测量系统，这些仪器具有在线测量、补偿功能，可以显著提高数控机床的几何、位置检测精度、机床综合检测精度和机床的加工精度。

② 将现代测量技术及仪器融合、集成于先进制造系统，从而构建成完备的先进闭环制造系统，为"零废品"制造奠定了基础。格里森公司及克林格贝尔公司采用先进的齿轮测量中心及相应的齿轮测量软件，与 CNC 齿轮加工机床相连，实现了圆柱齿轮、弧锥齿轮的 CAD/CAM/CAI 的闭环制造；Walter 公司生产的 Helicheck 刀具万能测量仪，可实现数控刀具的自动化、非接触式测量。通过 OTC 刀具在线补偿系统，与 Helitronic 数控刀具磨床实现在线连接；将实测值和设计值进行比较后，实时修正机床磨削参数，确保了复杂型面数控刀具的加工质量；日本大阪精机将齿轮测量仪器和剃齿刀磨齿床通过计算机联系起来，构成一个闭环的剃齿刀磨齿系统；将初磨后测量的结果和剃齿刀数据库中的参数进行比较，再对磨齿机加工参数进行修正，从而保证精磨合格。

③ 在线在机测量技术成为大批量生产时保证加工质量的重要手段。计量型仪器进入生产现场、融入生产线，监控生产过程。仪器本身的可靠性、高效率、高精度以及质量统计功能、故障诊断功能进一步提高，满足了在线测量的要求。高精度数字化传感器的测量精度已实现从微米级向纳米级提升；数字化测量仪器与机床集成进入生产现场，组成数字化加工系统；数控集成误差、零件毛坯安装误差及其环境误差的软件补偿技术得到进一步推广应用；非接触式扫描、视频测量技术和仪器倍受重视；测量信息的无线传输和网络远程服务，进一步将被动型质量检测转换为主动型质量控制。如图 5-1-3 所示是一种数控车床刀具检测装置。

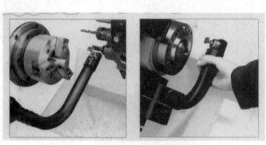

图 5-1-3　数控车床刀具检测装置

美国 Brown&Sharp 公司的 Bravo-NT 测量机可在汽车生产线上对车身尺寸实施在线测量并充分满足汽车生产线对测量节拍、测量精度和测量可靠性的要求；德国 Kapp 公司磨齿机的机载齿轮测量装置将测量系统和机床集成一体，可在零件试磨后马上进行在机检测，测量信息处理后能反馈至机床，及时修正加工参数。特别有利于大型、重型齿轮和大批量齿轮的成形磨削加工。

④ 大尺寸、复杂几何型面轮廓测量技术及仪器快速发展。Poli、Fardarm 公司的多关节式坐标测量机，采用了高精度光栅和内置平衡系统，且带有温度补偿，精度可达0.025mm/1.2m 球；加拿大 EAGLE 精密技术公司的 EPTTMS-100 弯管测量系统，具有接触式和红外非接触式两种测头，以及与数控弯管机全兼容的零件库和误差校正信息库，可与数控弯管机集成为一个完整的、信息融通的闭环弯管制造系统，特别适用于航空发动机制造业；API 的 Rmtea 6 维激光测量系统、Leize 公司的激光跟踪测量仪，带有红外激光绝对长度测量（Absolute Dimension Measurement，ADM）系统，可用于大尺寸复杂型面轮廓的测量（图 5-1-4）。

图 5-1-4　API 的 Rmtea 6 维激光测量系统

机械检测的发展及新技术

⑤ 纳米分辨率激光干涉测量系统在超精测量和超精加工机床上得到实际应用。英国 Renishaw 公司生产的金牌 M10 激光干涉测量系统,配备了灵敏度和精度更高的温度、气压、湿度传感器和金牌 EC10 环境补偿装置,提高了测量精度,其稳频精度可达 $0.05 \times 10^{-6}\,\mathrm{nm}$,线性测量精度可达 $0.7 \times 10^{-6}\,\mathrm{nm}$,分辨率可达 1nm;德国 SIOS 的小型激光干涉仪系列产品,有微型平面干涉仪、激光干涉测头等,可以和用户的多种测量系统相结合,特别适用于完成各种小尺寸范围的纳米测量任务。

⑥ 微、纳米级高精度传感器的生产现场适应性更强,精度更高。RENISHAW 的 SP80 超高精度数字式扫描测头,分辨率为 0.02μm;ZEISS 的 VAST 三维 6 向扫描测头系统,采用平行簧片机构,分辨率为 0.05μm,扫描范围达 2mm。Werth 的光纤测头,半径仅为 12.5μm,号称世界最小,适用于超细、超精密零件的测量。如图 5-1-5 所示为 Renscan5 扫描测头的工作情况和测量轨迹。

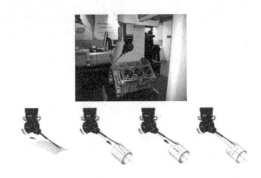

图 5-1-5　Renishaw 公司的 Renscan5 扫描测头

⑦ 分布式网络化测量系统成为研究热点。近十年来,数控化和信息化促使机械制造领域出现了一些新的制造模式,网络化制造是主要趋势。新的制造模式呼唤新型的测量系统,它必须满足快速、自动、智能、协作、开放和集成的要求。在这种背景下,分布式网络化测量系统成为研究热点。分布式测量系统通过工业局域网和互联网,把分布于各制造单元、独立完成特定功能的测量设备和测量计算机连接起来,以达到测量资源共享、协同工作、分散操作、集中管理、测量过程监控和设备诊断等目的的工业计算机测量网络系统。它以软件技术为基础,智能仪器为核心,是计算机技术、网络通信技术、测量技术全面发展并紧密结合的产物。如图 5-1-6 所示是日本东京技术无线网络化齿轮测量仪及其工作方式。

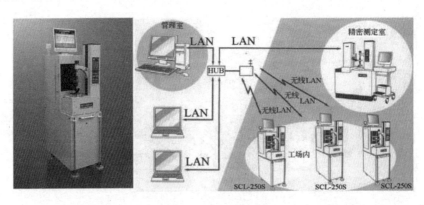

图 5-1-6　日本东京技术无线网络化齿轮测量仪及其工作方式

表 5-1-1 说明了传统测量系统与分布式网络化测量系统的对比情况。

表 5-1-1　传统测量系统与分布式网络化测量系统的对比

传统测量系统	分布式网络化测量系统
核心是硬件设备	核心是软、硬件的系统结合
测量设备资源无法共享	测量设备资源共享
测量设备功能固定	测量设备功能可重新配置
系统信息量小，近距离传输，速度慢	系统信息量大，远距离传输，速度快，信息数字化
由硬件系统确定系统功能	由软件系统确定系统功能
系统监控在本地	系统监控不受地域限制
系统结构封闭、固定	系统结构开放、灵活

2. 机械检测的发展特点及趋势

机械制造中测量技术学科的发展是机械制造水平发展的基础和先决条件，这已被生产发展的历史所确认。从生产发展的历史来看，精密加工精度的提高总是与精密测量技术的发展水平相关的。目前国际上机床的加工水平已能稳定地达到 1μm 的精度，正在向着稳定精度为纳米级的加工水平发展。微纳技术已经是新的技术热点。材料、精密加工、精密测量与控制是现代精密工程的三大支柱。整体来看，我国机械制造中测量技术学科呈现出以下特点及发展趋势。

（1）极端制造中的测量技术成为测量中的前沿技术

随着 MEMS、微纳米技术的兴起与发展，人们对微观世界地探索不断深入，测量对象尺度越来越小，达到了纳米量级；另一方面，由于大型、超大型机械系统（电站机组、航空航天制造）、机电工程的制造、安装水平提高，以及人们对于空间研究范围的扩大，测量对象尺度覆盖范围越来越大，目前已达 $10^{-9} \sim 10^2$ m 的范围，相差 11 个数量级之巨，机械制造中从微观到宏观的尺寸测量范围不断扩大。在此背景之下，微纳制造、超精密制造、巨系统制造等系统中，传统的测量方法和测量仪器受到极大挑战，出现了纳米尺度表征以及参数量值的统一和溯源等许多新的科学问题和工程技术问题亟待解决。

（2）从静态测量到动态测量，从非现场测量到现场在线测量

现代制造业已呈现出和传统制造不同的设计理念，机械制造中的测量技术已不仅仅是最终产品质量的评定手段，更重要的是为产品设计、制造服务，为制造过程提供完备的过程参数和环境参数，使产品设计、制造过程和检测手段充分集成，形成具备自主感知内外环境参数（状态），并做相应调整的"智能制造系统"，使测量技术从传统的"离线"测量，进入到制造现场，参与到制造过程，实现"在线"测量。

（3）测量过程从简单信息获取到多信息融合

先进制造中的测量信息包括多种类型的被测量，信息量大，包含了海量数据信息。这些信息的可靠、快速传输和高效管理，以及如何消除各种被测量之间的相互干扰，从中挖掘多个测量信息融合后的目标信息将形成一个新兴的研究领域，即多信息融合。

（4）几何量和非几何量集成

复杂机电系统功能扩大，精度提高，系统性能涉及多种类型参数，测量问题已不仅限于几何量。而且，日益发展的微纳尺度下的系统与结构，其各种因素的作用机理和通常尺

度下的系统也有显著区别。为此，在测量领域，除几何量外，其他机械工程研究中常用的物理量，如力学性能参数、功能参数等，业已成为制造中测量技术的重要研究对象。

（5）制造设备交互操作国际标准正在酝酿出台

机床制造业在利用计算机技术和成果方面至少落后了一代，在机床制造这一行业中，形成了许多彼此互不联系的"制造孤岛"。这种状况造成的结果是，制造企业无法充分实现生产现场的优化配置。美国机械制造技术协会 2008 年启动 200 万美元资金，旨在开发一整套有关制造设备交互操作的开放型国际标准。该标准下的"制造设备交互操作系统"，将利用"可扩展标示性语言"（.xml）的计算机语言写成的中间体软件，实现工厂优化配置软件和生产现场的无缝连接，包括利用互联网实现远程共享。目前该标准的制定已引起世界制造业的广泛关注，得到众多全球制造技术提供商的支持。可以预测，今后几年，标有"制造设备交互操作系统兼容"标志的制造技术产品，将给制造业带来革命性的变化，把生产力水平提升到以往只能梦想的高度，给 21 世纪的制造业带来崭新的面貌。机械科学的发展及制造技术的进步，深刻影响着传感、测量和仪器的研究。新型测量问题地不断出现，研究内容地不断更新，使得测量技术研究，必须以发展的眼光，前瞻性思维，立足于要解决的主要问题，提倡学科交叉，重视应用基础研究成果，研究新的测量原理、方法、技术和典型解决方案，为机械科学和先进制造提供可靠的测量技术支持。

3．精密测量的现状及发展趋势

随着测量越来越融入到制造过程中，另外一个重要的趋势是精密测量数据在制造过程中的信息化和智能化应用。在这样的前提下，对精密测量数据要求不再是一份实验室测量报告，而是对制造过程的实时、动态、可视化的跟踪分析，问题预警和处理，以及问题根源分析、措施和闭环等整个质量管理链。

（1）硬件架构现状及分析

现代制造过程和精密测量逐渐融合，硬件架构要求也随之增加。结构载体系统设计、传感器单元部件性能和数控驱动及软件分析平台等各部分，共同决定了测量系统的精度指标及应用需求。不同类型的坐标测量系统，根据获取三维尺寸数据的能力和尺寸控制功能及应用场合的不同主要分为实验室型测量系统和现场型测量系统。

实验室型测量系统从结构形式和运动关系角度看，主要有移动桥式测量系统和固定式测量系统。移动桥式测量系统如图 5-1-7 所示，采用活动的桥式框架，可沿固定的工作台运动；结构简单紧凑、开敞性好。零件装载在固定台上不影响测量机的运行速度，受地基影响相对较小，适合大多数机加工零件的形位公差检测。但光栅尺和驱动在工作台单侧布置，会引起较大的阿贝误差。随着工业要求的提升，对单项测量精度指标、测量系统综合稳定性的需求也随之显著提升。如扫描速度、采点速率、高速动平衡等对移动部件（桥架）的高刚性和轻量化提出了更高的要求。

固定桥式测量系统如图 5-1-8 所示，桥式框架也是固定不动的，结构刚度强。更适用于高精度、外形更复杂多变的加工制造趋势。工作台采用预载荷空气轴承与燕尾导轨系统，保证工作台无摩擦地移动；中心驱动设计减少了偏差与扭转，阿贝臂小。加上其他新技术的融合运用，例如，精密光栅、组合温度检测补偿、分布式实时控制系统、互联网远程诊断、完善的安全和碰撞和防护策略等，有效地确保了在复杂多变的条件下，高精密测量任务的顺利实现和执行。

图 5-1-7　移动桥式测量系统

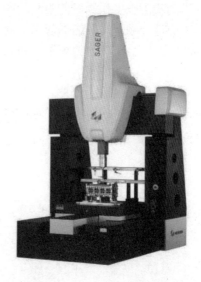

图 5-1-8　固定桥式测量系统

现场型测量系统如图 5-1-9 所示，主要应用于现场加工车间。随加工精度不断提高，为便于直接检测零件，测量机将直接串联到生产线上。车间型测量机，集成了先进的结构性温度补偿系统、防震系统，并且应用了针对车间现场的加强型设计，特别适合应用在苛刻的车间环境和生产单元环境下。这种测量设备无须气源，且能够与加工设备一同整合在生产线上，确保满足对在线测量的需求。

图 5-1-9　现场型测量系统

（2）三维精密接触式传感技术

三维精密测头作为探测时发送信号的装置，其精度的高低决定了测量结果的准确性与可靠性。根据微测原理和过零信号的触发机制不同，可分成接触式测头和非接触式测头两种结构。

接触式测头又分为触发式测头和扫描式测头。触发式测头原理为探测时产生开关信号，控制系统对此刻光栅计数器的数据锁存，并将信号传递给软件。触发原理如图 5-1-10 所示。

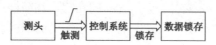

图 5-1-10　触发原理

这类测头由于工作原理的限制，在复杂曲面测量中还会产生原理性不定系统误差。在对复杂表面进行触测时，触测起始方向与轮廓接触点法线方向不可避免地存在着一个触测角。触测时，CMM 接到测头发出的脉冲信号，锁定触球球心坐标值后把球心坐标换算成实际触测点坐标，并按照当前坐标系下最近轴向的方向修正触球半径 r 的影响，如果被测表面不垂直于坐标系的一个轴向，将产生余弦误差（图 5-1-11）。接触式测头信号预设矢量方向触测，电位数字信号无法进行模拟补偿，因此余弦误差无法避免。

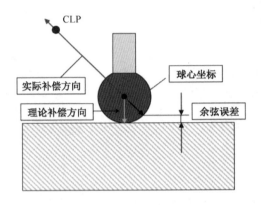

图 5-1-11　余弦误差原理

接触式触发测头为常规的箱体类零件测量提供了精确、可靠的数据采集方法。相应的缺点是存在各向异性（三角效应）、预行程、开关行程分散、复位死区等误差，最高精度只能达零点几到一微米，并很难再提升其测量精度和承载能力，因此有一定的局限性。触发测头如图 5-1-12 所示。

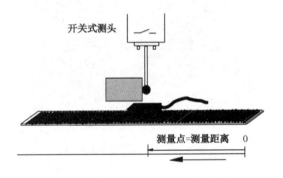

图 5-1-12　触发测头

扫描测头融合触发和扫描两种工作模式。测量原理是测球在接触被测零件后，测头通过本身三个相互垂直的距离传感器，转换输出与测杆微小偏移成正比的信号，感知零件接触程度和矢量方向，通过这些数据作为测量机的控制分量，控制测量机的运动轨迹。在避免了余弦误差的同时，消除了测头中的机械零位误差。

若不考虑测杆的变形，扫描式测头是各向同性的，其精度远远高于触发式测头。扫描式测头接触到被测零件后，不仅发出瞄准信号，还给出测端的微位移，即同时具有瞄准和测微的功能。如图 5-1-13 所示，该类测头的技术关键是能否提供一种无摩擦、无回程误差、灵敏度高、运动直线性好的三维微导轨系统。测头的工作原理决定了其同时适合已知和未知曲面的扫描测量，大大扩大了其使用范围。

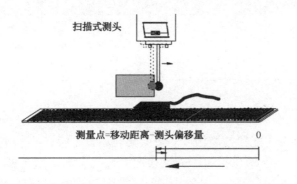

图 5-1-13　扫描式测头

（3）三维精密非接触式传感技术

根据工作原理的不同，光学三维测量方法可被分成多个不同的种类，包括摄影测量法、飞行时间法、三角法、投影光栅法等。这些技术的深度分辨率，覆盖了从大尺度三维形貌测量到微观结构研究的广泛应用和研究领域。在高精密三维检测领域，主要集中在激光干涉、共聚焦原理的应用集成，如图 5-1-14 和图 5-1-15 所示。

HP-O 作为海克斯康集团研发的高精度干涉法距离传感器，通过原始光和低频的调制原始光进行干涉。由于测量光工作在红外区间，因此可见的红色激光，用于瞄准和编程中的辅助观察。通过调频干涉式光学测距技术，能够达到亚微米级分辨率，完美测量各类金属材料的漫反射面，为固定式三坐标测量机提供了新型的光学扫描技术。

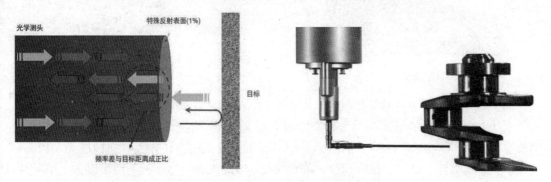

图 5-1-14　激光干涉原理　　　　　　　　图 5-1-15　HP-O 激光测头

HP-O 光斑直径可以小至 11μm，分辨率可以达到亚微米级别。相对于接触式和其他光学测量方案，该非接触光学触测系统对环境光无限制，不仅适合金属材料和复杂特殊表面，而且与接触式测头相比效率更高。HP-O 不仅可以单点测量，也可以连续扫描，相比接触式测量系统拥有更好的系统重复性，采点密度高（1000 pts/sec），单位时间内实现更均匀、更密集的采点。即使扫描速度增加，边缘效应所受的影响较小。表 5-1-2 为 HP-O 与接触式测头的效率对比。

表 5-1-2　HP-O 与接触式测头的效率对比

扫描速度	HP-O	接触测头
10mm/s		
20mm/s		
30mm/s		

高精密 LR 检测系统配置超高精度彩色共焦传感器，拥有纳米分辨率。兼容于各种材质与表面，如透明材质、敏感材质、光泽表面、反光表面、涂层等。因为接受角度高达 90±40°，所以玻璃或塑料镜头、棱镜、型材、精密工具都可以进行精密检测。LR 光学测头如图 5-1-16 所示。

白光通过具有明显色差的光学器件聚焦在测量对象的表面，在此同时反射光达到波长的最大值，光路（激发和发射）在两个位置上聚焦。反射光的光谱达到波峰，通过该光谱位置计算触测点与触测表面的距离。LR 工作原理如图 5-1-17 所示。

图 5-1-16　LR 光学测头

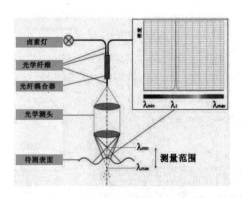

图 5-1-17　LR 工作原理

（4）接触式复杂零部件检测技术

对于复杂形状的测量，在需要精密的测量系统的同时，对系统软件的评价能力提出更高的要求。以整体叶盘为例，整体叶盘的叶片型面是复杂的自由曲面，扭曲度大，加工精度要求高，相邻叶片之间通道深而窄，敞开性差。因此造成整体叶盘制造难度大于单叶片，也为其测量增加了难度，Leitz 接触式四轴联动叶盘检测方案如图 5-1-18 所示。

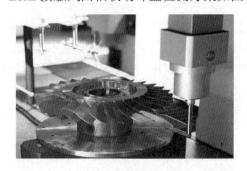

图 5-1-18　Leitz 接触式四轴联动叶盘检测方案

首先,叶轮和叶盘的叶片检测难点在于扭曲的复杂型面,测量过程中数据处理都是按3D方向计算半径补偿的,满足这一测量要求,仅仅靠现有相关精度指标只是完成了第一步,还要配合高速稳定又精密的四轴扫描才能完美地解决这个问题。因此考察 THP 扫描精度性能仅仅只能作为一个能力参考,机械结构和数控系统技术下,测量运动中的机器所表现出来的框架动态稳定性和测头动态稳定性,都成为影响这一测量需求所必须要考察的性能项目,特别是在尖锐的叶片前后缘处,路径机器必须能够根据叶片曲率的变化,自动调节扫描速度,自动识别并删除无效点,最优化测量数据的同时保证测量效率,而这些要求无一例外都超越了现有常见的各项机器的精度指标。

VHSS(Variable High Speed Scanning)技术可依据曲面曲率,在已知几何特征上实时连续调整测量速度。VHSS 支持各种复杂外形的高速扫描,扫描过程中自动计算最佳速度、加速度和采点密度,避免测量碰撞和脱离;支持开环扫描和闭环扫描;支持对已定义的理论曲线进行样条插补,从而点数合理(避免点数过多和过少)。机器可以在已知几何量的情况下进行持续的调整,实时调整扫描。平直的部位扫描速度快,前尾缘附近区域扫描速度自动降低,实现了检测效率与精度的优化。

在无转台情况下进行叶盘检测时,需采用大量的测针配置并花费较多时间。Leitz 四轴扫描技术,采用先进的控制技术,能够实现四轴联动的连续扫描。可变速扫描检测叶轮的叶型曲面和流道等,测量过程中机器根据曲线的曲率变化调整和优化扫描速度,大大提升了扫描测量的效率。四轴联动保证了一根测针高效完成叶片上的全部检测任务。整个检测方案根据需求定制开发,包括测量过程的优化、定制的计算评价及优化、定制的报告输出。测量的输出满足了制造过程控制和最终质量控制的要求。

在以上技术支持下,测量叶盘的时间比其他测量方式节约了近 70%的时间,在欧洲,超过 300 多家知名航空航天和能源行业使用这一解决方案测量整体叶盘和叶轮。

(5)非接触式复杂零部件检测技术

随着激光干涉技术的出现,HP-O 解决方案将逐渐成为航空复杂零部件高效率精密测量的最佳方案。HP-O 技术的出现刷新了精密测量的记录,整体叶盘检测效率提升 95%。敏感的零部件要求高精度的非接触测量,避免机械接触的损伤。同时可以定制并测量内腔(这一点是接触式测针很难达到的甚至是目前无法达到的),这是航空发动机双层盘类零件复杂内腔大尺寸底径测量的唯一解决方案。Leitz 非接触式四轴联动叶盘检测方案如图 5-1-19 所示。

图 5-1-19　Leitz 非接触式四轴联动叶盘检测方案

在测量过程中，HP-O 减少了机械探测的局限性，实现了高效的数据采集，提供了更快的扫描速度。如检测叶盘的叶尖，直接扫描全部叶片的叶尖，转台匀速旋转即可。在微小特征处，接触测量必须使用足够小直径的测针，以求清晰表达特征详情。小测针的强度较弱易受损，测量过程由此中断。但 HP-O 微小的光斑，远小于接触式测针的直径，能更加准确地获得细小轮廓。空间分辨率高，完成最小细节乃至微观尺寸的测量，如倒角和划痕等，并以高点密度简便地获得特征信息。

4．走向现场的精密测量

配置于生产现场的在线检测技术，已经成为众多企业里一种重要的质量管控手段。智能化生产的鲜明特征之一就是把管控产品质量的重点转移到生产过程中的制造质量，以及提高对柔性化生产方式的适应程度。这就决定了测量设备必须作为一种工序检测手段进入车间现场。

计量室走向生产现场，车间现场检测工作站是全合一的测量系统，无须压缩空气，适应车间现场的复杂环境，可与生产单元紧密结合或者是放置在生产现场的任何区域。能够代替所有的专用量规和手工检测仪器，无缝衔接生产线，实现连续监控。

以机械加工及检测自动化方案为例，如图 5-1-20 和图 5-1-21 所示，该系统方案集成了三坐标测量机、数控机床、自动化检测管理软件（含设备信息管理和数据信息统计分析系统）、机器人、料库、安全光幕及 RFID 设备等，提供了一个全方位自动化的解决方案。该方案集成 CAM，为机床和测量系统自动化制造和检测一体化提供了解决方案。与此同时，将精密测量从实验室走向生产现场，确保高效、误差闭环补偿、高质量的加工和质量检测，保证产品质量的高度一致性和重复性。

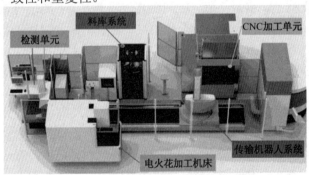

图 5-1-20　机械加工及检测自动化方案示意图

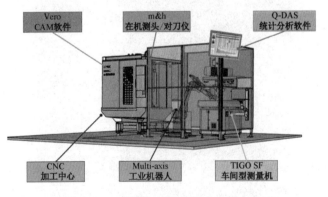

图 5-1-21　机械加工及检测自动化方案

智能制造衍生出的自动化集成方案，自动上下料零件等自动化检测方案，验证了将精密测量从实验室走向生产现场和加工线的可行性。传统方式生产和检测状态离散，精密检测效率低下，信息数据处理环节冗杂，信息管理环节所带来的数据繁琐和人为操作等不确定因素较多，对快速形成质量改进和监控也带来极大的困扰。这些车间型自动化检测方案提高了生产效率，减少了零件加工和检测过程的辅助工作量，实时反馈设备、零件状态信息，实现快速切换不同零件的检测结果 SPC 分析或数字化存储。

因此在线测量系统与生产线直接对接集成，将生产环节和检测环节更深更广地紧密融合，是精密测量从实验室走向生产现场和加工线的必然发展趋势，也是智能制造天然的技术要求。

💡 **想一想**

1. 简述机械检测的现状，分析机械检测目前面临的问题有哪些。

_____

_____

_____

_____

2. 简述机械检测行业有着怎样的发展导向。

_____

_____

_____

_____

3. 简述精密测量的现状及发展趋势。

_____

_____

_____

_____

4. 简述走向现场的精密测量。

_____

_____

_____

_____

任务2　认识数字化检测

相关知识

1. 数字化检测的概念及特点

所谓数字化检测是指充分利用测量相关环节的先进资源，通过先进的 CAD 技术、先进的 IT 技术和先进的测量设备及软件，实现从检测编程、测量、数据处理、报告生成和传递等全过程的电子化、无纸化、自动化。数字化检测方案如图 5-2-1 所示。

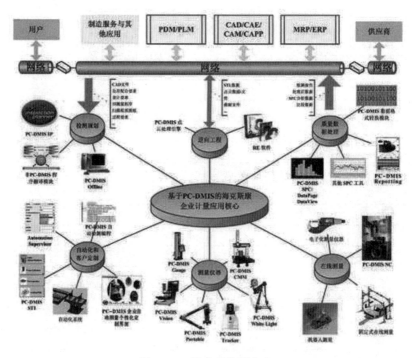

图 5-2-1　数字化检测方案

随着信息物理技术（CPS）和大数据（Big Data）对工业 4.0 的推动，测量数据完全实现了数字化、无纸化、海量化。质量管控实现了测量设备、大数据与质量管控工作流的整合，为企业构建智慧质量生态系统，为制造业安上眼睛，为制造业装入智慧，实现现实世界和数字世界的信息交互提供了可能。

数字化的质量管理平台能够联通质量信息孤岛。联通企业离散在测量和质控环节中的人员、设备、程序和数据，并实现系统的中心化数据库管理、简易的操作工程流、实时透明的数据监控、可视化的信息处理与信息共享。通过对这些实时采集、监控和管理质量数据的相关信息，实现其与质量数据的实时互联。通过平台实现的简化质量管控操作，能够打破质量管控孤岛，为现代化企业高效和科学的质量管理提供了保障。

数字化的质量管理平台能够实现企业产品生命周期的测量和质量管控，从而帮助企业更好地应对三个层次的挑战：产品制造过程的质量控制，产品设计和制造过程的改进优化，企业业务和运营模式的变革。从质量策划、测量任务管理、测量任务执行与过程监控，一直到数据处理分析，这些信息被转换成具有实际意义的可操作信息，从跟踪产品设计、制造过程每个环节的质量信息，到应用计量、分析和行动手段，综合分析问题产生的根源，再到反馈和指导设计、制造决策，形成完整的制造闭环，提升了制造业的生产力与品质。

数字化的质量管理平台能够助力制造业打造全方位的智能化、信息化解决方案。以海克斯康 SMART Quality 平台为例，SMART Quality 为不同需求的工厂及企业提供丰富的解决方案，满足不同层次的需求，确保从一个车间、一个工厂，到几个工厂和供应商的高效、透明的测量和质量管控。同时，平台的可扩展能力，与企业其他生产系统进行融合，可构建真正的智慧制造企业。

数字化的质量管理平台从感知和数据采集，到依托大数据、云计算等技术，以及互联互通的落地，实现工厂数据的解析、处理、融合及控制；把信息流转成可操作的指令，通过机器人、智能机床、检测设备等的执行，实现生产工厂的全面自动化与智能化；更深层次的应用是，通过生产工厂采集数据的分析、统计和判断，获得洞察，清楚把握机器的性能和运行状况，帮助制造企业优化资产，提高灵活性，提升效率和生产力，以释放所有工业领域的商业价值。智慧制造企业的质量管控如图 5-2-2 所示。

图 5-2-2　智慧制造企业的质量管控

2. 数字化检测的实现及基本流程

从产品设计、产品加工、质量检测、数据处理、信息反馈等环节，将各车间、各部门、各种测量设备、各种软件实行信息集成和联通，对每个环节的检测信息进行统一收集和管理；统一数据库保存和报告的自动分发，保证各相关部门和人员各取所需；及时获取所需检测信息以便快速指导工作。数字化检测信息传递的基本流程如图 5-2-3 和图 5-2-4 所示。

如图 5-2-3 所示，明确勾勒出数字化检测在产品制造过程中的流程和技术手段；从设计的 CAD 技术、制造的 MES 系统平台任务管理和执行技术、测量任务的自动化编程、自动化检测到数据库报告管理和网络信息反馈完全实现无纸化过程。

（1）测量程序系统编制

基于三维 CAD 模型及公差标注，将三维 CAD 技术引入测量编程，实现自动识别形位公差，自动编制测量程序和碰撞检测，取代了传统的手动输入编程方式，提高了测量效率，保证了编程信息的正确性。

（2）自动化检测

通过新的自动化技术实现无人操控的自动化检测，给企业节约人力成本并提高了测量效率。

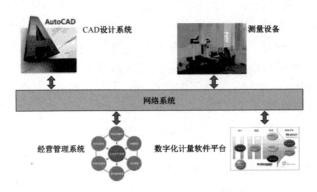

图 5-2-3　数字化检测信息传递的基本流程

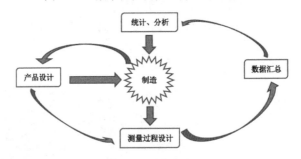

图 5-2-4　数字化检测过程的基本流程

（3）网络化数据库管理

通过检测数据的网络化传递和中心数据库管理，实现了数据的快速安全管理，最大化地共享所需资源，快速指导产品制造业的各环节。

3．数字化检测的优势及发展

通过数字化检测的手段使产品的检测过程自动化、网络化，使得工作过程更加高效，人力资源成本降低；员工的劳动强度降低；检测信息数据库统一管理；信息的账户和权限管理提高了信息管理的安全性和保密性。如图 5-2-5 所示为数字化检测工厂管理平台。

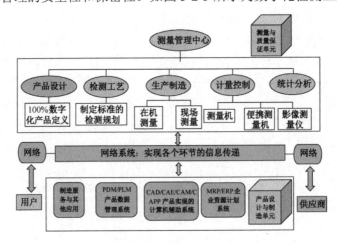

图 5-2-5　数字化检测工厂管理平台

4. 大数据

German Bitkom 协会在一篇文章中是这样定义大数据的:"大数据指的是在经济层面上合理地获取和应用与决策相关的知识,这些知识从不同结构的性质通用的信息中提取。而这些信息来自于各种方式,并且快速变化。"根据这一定义,大数据意味着企业试图对一些目前只能猜测的数据进行测量、分析、计算、评估和评定。

为什么大数据会存在?

最基本的条件是可以实现在最小的空间里储存大量信息。更深层次的原因是目前自动化传感器和数据录入系统对实时数据以高传输率和高处理速度转移,这其中不需要包含任何手工输入。这些方面导致产生的数据量是未知的。

这一趋势将不断持续并且眼下无法看到尽头。如图 5-2-6 所示,显示了随时间变化的各种技术的数据通信。到 2020 年,这种数据通信方式会比现在多 50 倍。

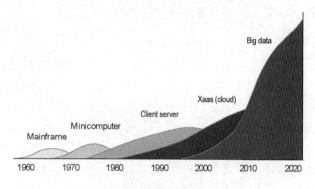

图 5-2-6　数据增长

如图 5-2-7 所示,用一个简单的图说明了基于生成和储存的信息如何找到高质量的解决方案。这些答案通过对数据分析而得出结果,分析记录的数据,并且以统计表格和图形的形式提供分析结果。

但是,仍有可能存在另一个问题:"大数据的新兴体现在什么地方?"即使是在过去,我们也同样收集、存储和计算大量的数据。如图 5-2-8 所示,显示了在工业生产里主要的数据来源和相应的数据管理系统。此外,图中包含了不同类型的数据处理和结果的显示方式。在大数据的时代下,我们必须在现有的数据源中添加"产品和服务网络"新数据源。

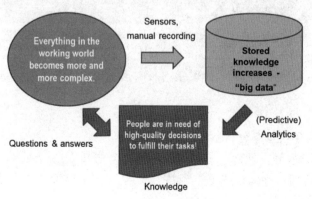

图 5-2-7　有效知识的获取

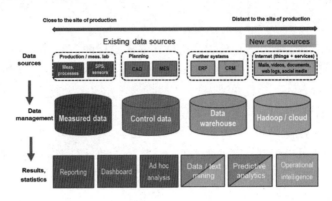

图 5-2-8　大数据 = 传统 + 新型

从这一点上看，大数据指的是对于不同来源的大量数据的记录和存储，以及对这些数据进行"实时"分析，以应对当前任务或回答最新的问题。

5．如何巧妙地使用大数据

如今大数据面临的问题是什么？收集和存储数据只是一方面。另一方面才是更重要的，即对于存储的信息进行分析和评定。预测分析会应用统计过程、预测模型、优化算法、挖掘数据、挖掘文本以及挖掘图片来达到期望的结果。不管怎样，这些程序能在多大程度上有效，取决于数据接近事实的程度，即它有多少代表性。假定所有数据的主要部分是结构化的；专家甚至估计超过 80%的数据是非结构化的。从不同数据源收集与储存的非结构化的数据通常会变为数据墓地。在这样的数据基础上进行分析，则无法得到期望的结果；相反，得到的结果往往是不完整和模糊的。由于这个原因，我们不得不创建公司基础设备平台来记录不同数据源的大量数据并且进行结构化的管理和评估。大数据并不是真正的追求，真正我们需要始终贯穿的理念是"大智能数据"。这是唯一能实现实时评估数据并在几秒内提供评定结果的方法。通过创建大智能数据获得知识，能从这个新发展中提取更多的附加价值。

执行数据录入储存数据后，通过"数据整合"（图 5-2-9）来达到上述要求。

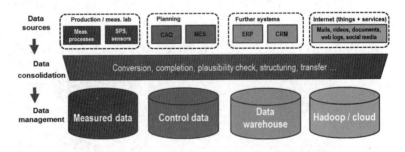

图 5-2-9　数据整合

① 通过数据整合的智能数据。

如今数据源多种多样，然而，这些资源通常不会与其他系统通信。为了设计不同来源的数据结构，必须得指定存储哪些数据至哪个位置，相应的存储方式及想要存储的数据量。这里缺乏一个标准来定义不同来源的通信。这个标准需要规范数据传输和存储以避免不同数据系统提供的数据扩散并且保证数据的一致性。这个标准将是可靠评估的基础。

② Q-DAS ASCII 转换格式覆盖了其中部分要求。

Q-DAS®制定的"Q-DAS® ASCII 转换格式"逐步成为世界范围内关于特定文件格式测量值转换的标准。AQDEF 文档（高级质量数据交换格式）描述了这种格式的某些方面。同时，许多公司在采购新的测量仪器时也需要满足这个文档的要求。这些要求确保了对于所需信息的数据域是可用的，以便能以更良好的结构在数据库中存储数据域。

然而，即使这些数据域是可用的，也不能确保正确完成。这就是为什么真实性检验是数据整合的一个重要部分，它能评估信息传输的完整性和意义。为了进行真实性检验，必须靠干预机制来完成这些任务。通常来说，我们只能检测到错误的数据或丢失的信息，如果需要，则在已被记录数据源的数据上直接添加一些更多的信息。

💡 想一想

1. 简述数字化检测的必要性。

_____

_____

_____

2. 简述数字化检测的实现及其基本流程。

_____

_____

_____

3. 简述大数据的概念。

_____

_____

_____